跨进设计院

系列丛书

[建筑设计 快速入门]

李国光 编著

中国电力出版社
CHINA ELECTRIC POWER PRESS

内容提要

本书分为四章，第1章为建筑设计工作概述，主要针对刚进设计院的年轻设计师的专业知识与工作内容构架进行了梳理，并介绍了建筑设计工作方法与学习，第2章为优秀作品的学习与方法总结，主要是对设计思路的一个梳理，并对一些优秀作品进行了解读，第3章为建筑方案设计与表达，并附了设计文本示例供学习，第4章为建筑施工图设计与表达。

本书适用于刚刚进入设计院的年轻设计师和即将毕业的高等院校学生。

图书在版编目（CIP）数据

建筑设计快速入门 / 李国光编著. —北京：中国电力出版社，2015.1（2020.1 重印）
（跨进设计院系列丛书）
ISBN 978-7-5123-5033-5

Ⅰ.①建… Ⅱ.①李… Ⅲ.①建筑设计 Ⅳ.①TU2

中国版本图书馆CIP数据核字（2013）第238796号

中国电力出版社出版发行

北京市东城区北京站西街19号　　　100005　　　http://www.cepp.sgcc.com.cn
责任编辑：梁　瑶　　　联系电话：010-63412605
责任印制：杨晓东　　责任校对：常燕昆
北京盛通印刷股份有限公司印刷·各地新华书店经售
2015年1月第1版·2020年1月第4次印刷
889mm×1194mm 1/16·19.75印张·374千字
定价：65.00元

　　跨进设计院系列丛书——建筑设计快速入门，带着这样一个沉甸甸的命题，我思考了很长一段时间。作为建筑学专业的学子，有太多的知识需要掌握，太多的技能需要提升。如果单从建筑设计快速入门来说，这是在大学低年级已经解决了的问题，在此不需要过多赘述；如果只讲在设计院中按部就班的工作，未免太显平淡无味，缺乏了即将毕业的学生对设计院工作中最急迫提升技术能力需求的那部分内容。

　　回顾自己和同学跨进设计院工作的十几年历程，虽然在设计工作中曾遇到许多困难和挑战，但从自己所追寻的建筑设计基本问题出发，发现设计院工作还是有一条比较清晰的思路的，从最初做方案，排文本，推敲模型，研究技术实现，到最后施工图的绘制，这一整套工作内容需要很长的时间来学习掌握，可能一年半载，也可能许多年。刚开始一般只做一两种具体的工作内容，做方案时感觉到施工图的神秘，后来画施工图又感觉到之前方案的漏洞百出，体会到做方案的难处。经过这么几个回合的折腾，对建筑方案表达和技术实施整体的把控能力有了一定的提高，再去学习大师的作品时也能领悟到很多的奥妙之处。

　　在建筑设计中，平面设计是非常重要的内容，不同类型的建筑平面设计包含了功能分区、交通组织、经济合理性等很多方面，这是注册建筑师考试中建筑方案作图的内容，限于篇幅，本书不做详细阐述，读者可参阅设计资料集或建筑师作品集进行深入学习。本书主要在建筑师工作内容、建筑方案概念、方案文本设计、施工图设计等方面作了一定的探讨。

　　对于即将跨进设计院的建筑师提以下几点学习建议。

　　第一，首先要系统认识设计院的工作内容，认识建筑专业在设计的各个阶段所做的具体工作和起到的作用，在专业内和其他专业工程师进行协调配合的内容，还有对院里管理部门和对院外建设单位及管理部门的协调对接。当然这是需要逐步推进的，但事先也要有整体的思考和准备，把自己的具体工作和整个设计系统的需求结合起来。

第二，要把建筑设计本身的各个阶段和内容关系理顺，无论是前期方案的推敲、概念的确定，还是后来的技术论证、施工图表达中对方案效果实现的影响，都要认真体会总结。全过程分析建筑设计会对后来的方案创作方向产生影响，也会对新材料、新技术的掌握产生积极的推动作用。

第三，从最开始的具体工作内容做起，学习推敲草模、研究平面、盯效果图、编排文本、做投标文件等方案阶段和前期的内容，同时适当穿插一些施工图的设计，比如立面图、楼梯间详图、外墙详图、重要节点的绘制等。这些所有具体工作都是理解整个建筑设计内容的不同点，要尽量把方案设计的点和施工图设计的不同点穿插起来，这样即可对建筑设计有个全面深入的理解。总之，扎实的系统训练不一定非要画很复杂的图，只要积累够多，足可以产生升华效应。

在本书的编写过程中得到了北京市建筑设计研究院第六设计所6A6工作室王小工、张凤启、周娅妮、石华、李楠等建筑师的帮助，北京工业大学建筑与城市规划学院的李艾芳教授、孙颖副教授给予了大力指导，胡春晖、李磊、孙愉、高鹏、郭惠君、褚童洲、房明、陈蓁、范彦波、刘浩川等建筑师也给予了很多技术支持，在此一并表示感谢。同时感谢梁瑶编辑对此书的周密策划。最后特别感谢李宣宣对本书整体内容编排的专业支持。

本书的编写属于一种探索、一个尝试，内容虽然历经多次梳理，但仍感到难以满足各类人群的需求，书中内容错漏也在所难免，希望广大读者给予批评指正。

2014年6月

1

建筑设计工作概述

前言

1.1　专业知识与工作内容构架梳理　**/ 2**

1.1.1　建筑学专业在校学习内容的梳理总结　/ 2

1.1.2　建筑设计专业工作内容　/ 3

1.2　建筑设计工作方法与学习　**/ 6**

1.2.1　建筑图纸信息的准确表达　/ 6

1.2.2　规范图集的了解与学习　/ 8

1.2.3　设计方法的持续学习与总结　/ 11

2

优秀作品的学习与方法总结

2.1　设计思路的梳理总结　**/ 20**

2.1.1　环境、规划和布局　/ 20

2.1.2　概念、寓意和主题　/ 21

2.1.3　形体和视觉　/ 21

2.1.4　空间、流线和功能　/ 22

2.1.5　审美、体验和意境　/ 23

2.1.6　景观和庭院　/ 24

2.1.7　材质、立面、表皮和色彩　/ 25

2.1.8　文化、传承和创新　/ 26

2.1.9　环保、节能、绿色和可持续　/ 27

2.1.10　技术、系统和营建　/ 28

2.2　优秀作品与学习解读　**/ 29**

2.2.1　展览和宣传建筑　/ 29

2.2.2　科研和办公建筑　/ 38

2.2.3　公寓和居住建筑　/ 52

2.2.4　商业建筑　/ 66

2.2.5　博物馆建筑　/ 74

2.2.6　科技馆建筑　/ 90

2.2.7　艺术馆建筑　/ 94

2.2.8　教育建筑　/ 106

2.2.9　酒店、宾馆建筑　/ 132

2.2.10　教堂建筑、剧场建筑和体育馆建筑　/ 138

2.2.11　多功能综合建筑　/ 146

2.2.12　上海世博会建筑　/ 152

3

建筑方案设计与表达

3.1　建筑方案设计表达内容　　　**/ 174**

　3.1.1　建筑方案文本内容的基本模式　　/ 174

　3.1.2　设计文本制作　　　　　　　　　/ 176

3.2　方案设计文本示例　　　　　　**/ 178**

　3.2.1　公共建筑设计文本　　　　　　/ 178

　3.2.2　住宅设计文本　　　　　　　　/ 192

4

建筑施工图设计与表达

4.1　建筑施工图设计表达概述　　**/ 202**

　4.1.1　施工图表达依据与特点　　　　/ 202

　4.1.2　施工图服务对象　　　　　　　/ 202

　4.1.3　建筑施工图表达的内容　　　　/ 202

　4.1.4　建筑施工图图纸内容构成　　　/ 203

4.2　施工图的表达示例　　　　　**/ 204**

　4.2.1　施工图一（学前部教学楼）　　/ 205

　4.2.2　施工图二（住宅楼）　　　　　/ 226

　4.2.3　施工图三（健身楼）　　　　　/ 265

附录

《建筑工程设计文件编制深度规定》

（建设部2008年颁发）——总平面及建筑设计部分摘录/ 290

参考文献

1

建筑设计工作概述

1.1 专业知识
与工作内容构架梳理

1.1.1 建筑学专业在校学习内容的梳理总结

首先我们先了解一下各大建筑院校和社会媒体对建筑学的定义，建筑学是一门以学习如何设计建筑为主，同时学习相关基础技术课程的学科。建筑学主要学习的内容是通过对一块空白场地的分析，同时依据其建筑对房间功能的要求、建筑的类型（如体育馆、电影院、住宅、厂房等不同类型）、建筑建造所用的技术及材料等，对建筑物从平面、外观立面及其内外部空间进行从无到有的设计。其中所学习的范围小到简单的房间布局，大到城市数个街区的建筑群体的设计。

建筑学专业，从广义上来说，是研究建筑及其环境的学科。通常情况下，按其作为外来语所对应的词语（由欧洲至日本再至中国）的本义，它更多的是指与建筑设计和建造相关的艺术和技术的综合。因此，建筑学是一门横跨工程技术和人文艺术的学科。建筑学所涉及的建筑艺术和建筑技术以及作为实用艺术的建筑艺术所包括的美学的一面和实用的一面，它们虽有明确的不同，但又密切联系，并且其分量随具体情况和建筑物的不同而大不相同。

在五年的学习过程中，课程的设置基本兼顾了广义和狭义建筑学的内涵要求，并结合实习实践，培养学生建筑设计、城市设计、室内设计、市政设计等方面的知识和专业技能，使其成为能在设计部门从事各项设计工作，在房地产部门从事建筑策划与管理工作，并具有多种职业适应能力的通用型、复合型高级工程技术人才和空间艺术创意设计师。

建筑院校的课程设置基本可分为建筑艺术课、建筑技术课、课程设计三个主要方面，每方面都包含表现方面的内容。建筑艺术课程除了锻炼艺术表达能力之外，还伴随有艺术审美、空间思维的能力的培养；同样，建筑技术课程在掌握图样图例表达之外，还要训练技术思维和以工程技术来实现建筑创意的能力；课程设计则是综合运用艺术、技术思维来实现具体功能建筑的设计与表现（图1-1）。

如果把建筑学专业课程详

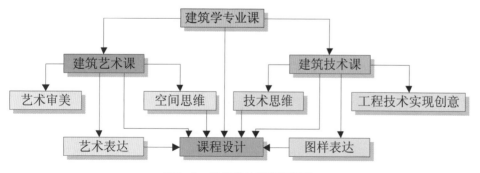

图1-1 建筑设计课程框架图

细梳理一下，则可分为美学类课程、专业基础课、建筑技术课、专业设计课等，还有建筑设计软件表现、建筑文化等其他课程。我们暂且把建筑设计的主要工作内容分为建筑方案设计和建筑施工图设计，其中每部分都包含有许多项具体的工作内容。若是把每一类课程甚至每门课程和具体的工作内容联系起来的话，我们发现其中的联系还是非常紧密的（图1-2）。

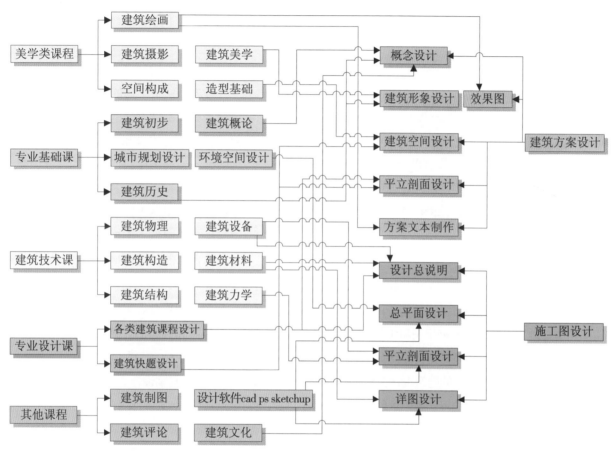

图1-2　建筑学课程与工作内容关系图

1.1.2　建筑设计专业工作内容

1. 建筑设计工作内容整体概况

　　跨入设计院之后，将面临一个全新的工作与学习环境，系统地认识建筑设计师在工作过程中的需要和内外不同部门的协作内容是至关重要的。建筑师的工作是一项系统的、内容繁多的工作，需要具备全面的工作技能，在从前期的项目跟踪到方案投标、方案设计、初步设计、施工图设计的整体进程中，对内要与不同的专业团队和院内的许多管理部门协

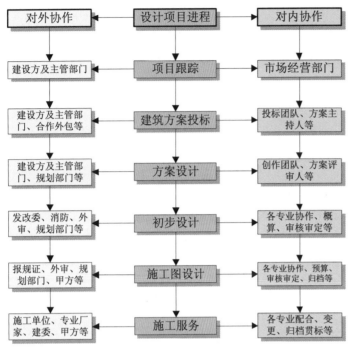

对外协作	设计项目进程	对内协作
建设方及主管部门	项目跟踪	市场经营部门
建设方及主管部门、合作外包等	建筑方案投标	投标团队、方案主持人等
建设方及主管部门、规划部门等	方案设计	创作团队、方案评审人等
发改委、消防、外审、规划部门等	初步设计	各专业协作、概算、审核审定等
报规证、外审、规划部门、甲方等	施工图设计	各专业协作、预算、审核审定、归档等
施工单位、专业厂家、建委、甲方等	施工服务	各专业配合、变更、归档贯标等

图1-3　建筑设计师内外工作系统图

作，对外要在不同阶段面对诸多工程项目的管理单位，除了建设单位还有发改委、规划局、人防办、消防办、交通局、园林局、环保局等，在施工过程中还要和施工单位、建委密切沟通，全方位服务，以保证工程项目顺利的、高完成度的实施，这是建筑师工作的广义内容（图1-3）。

2. 建筑设计工作内容列项

建筑师狭义工作的内容，一般是指建筑设计本身及画图方面的内容，这也是在大学期间所学内容的实践性的延伸。在校期间所做的课程设计相比较设计院的设计内容，可算作是初步规划设计方案或者叫建筑概念性设计方案，虽然也涉及建筑平面功能布局、空间构思、建筑立面形象的表达，但设计条件没有具体的场地环境、规划条件作引导，没有规范、图集和技术因素的太多限制，没有结构、构造、装饰材料等方面的经验积累，所做的方案只是初步的、概念性的意向，缺少实际的可操作性、可实施性。但课程设计中的许多大胆想法和创意是有意义和价值的，在具备技术和经验后，努力实现合理的创意将助推建筑师走向成熟。

具体的建筑设计工作大概可分为前期规划设计、建筑方案设计、初步设计、施工图设计这几个阶段。每个阶段又可分为若干项的工作内容，比如方案设计可分为平面设计、空间设计、建筑形象设计等，每一项又有若干设计图需要推敲、深化表达。再如施工图设计可分为总图设计、设计总说明、平面立面剖面设计、详图设计等，每一项都需要查询各种规范、图集进行深化制图，同时考虑各项设计内容的关联性、一致性。其实一位建筑设计师只要能在一项或者几项工作内容上做到熟悉、熟练，能够独当一面，就能胜任自己的工作，但从长远发展来看，一个成熟的建筑师、一个项目主持人需要对各个设计阶段的每个方面都要有较好的设计能力、控制能力和协调管理能力，因此全方位掌握建筑设计每个阶段的具体的工作内容，是十分必要的（图1-4）。

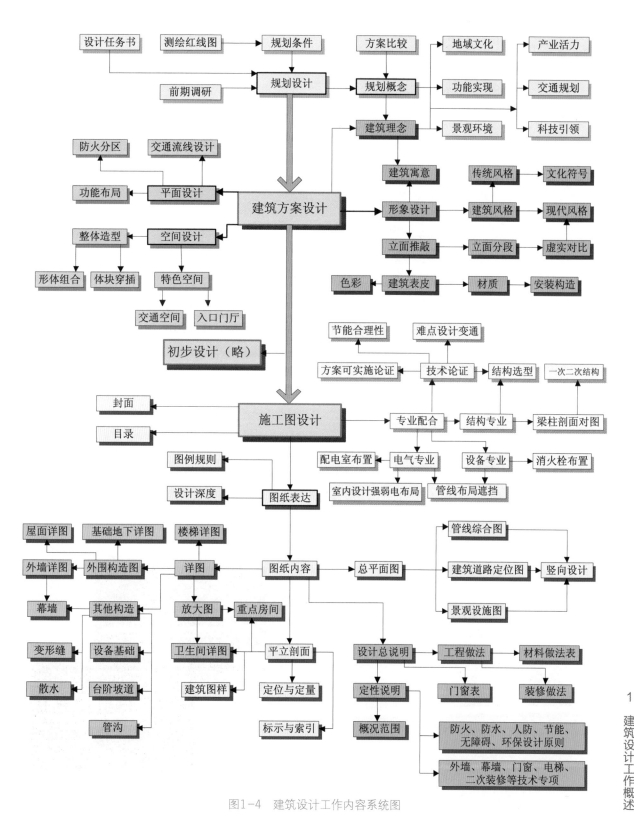

图1-4　建筑设计工作内容系统图

1.2 建筑设计工作方法与学习

1.2.1 建筑图纸信息的准确表达

1. 建筑设计图纸的准确表达

对于刚刚跨入设计院大门的建筑设计师，准确、完整的图纸表达是必要的，千里之行始于足下，养成良好的画图习惯终身受益。其学习方法除了参考优秀的设计图纸之外，还要不断查阅工具书随时勘误。《建筑工程设计文件编制深度规定》、《房屋建筑制图统一标准》、《建筑制图标准》（详见附录）等规范要不断查阅，《民用建筑工程建筑初步设计深度图样09J802》、《民用建筑工程建筑施工图设计深度图样09J801》等相关国标图集也可作为重要参考资料（图1-5~图1-9）。

2. 相关设计软件的运用

方案设计阶段建筑图纸的表达，平立剖面除了用AutoCAD绘图外，一般还要用Photoshop填色和排版，也可以用InDesign排版，用SketchUp（草图大师）推敲模型和表达概念，精细效果图的制作一般是找外部合作团队效果图公司用3DMAX来建模渲染表现。施工图阶段一般是用建筑天正来绘制施工图。

图1-5
建筑工程设计文件编制深度规定

图1-6
房屋建筑制图统一标准

图1-7
建筑制图标准

图1-8
初步设计图示

图1-9 施工图图示

用SketchUp推敲模型和表达概念，对建筑师来说操作简便、效果直观，特别适宜建筑群规划、建筑空间的推敲，表现效果朴素雅致，形体感强，略去了其他因素，非常具有空间感、建筑感（图1-10和图1-11）。

图1-10　SketchUp建模单体建筑效果

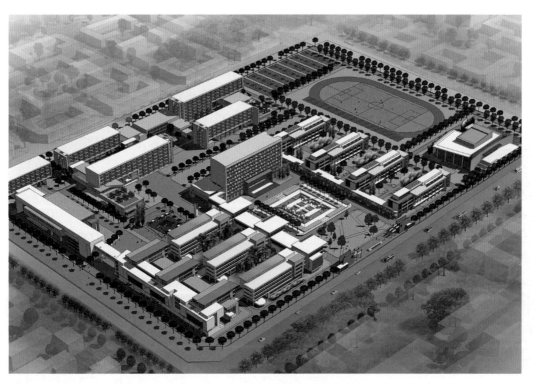

图1-11　SketchUp建模整体规划效果

1.2.2 规范图集的了解与学习

1．基本规范的掌握

首先列举一下最基本、最常用的建筑设计规范，有必要在入院之前或方案设计之初进行阅读，重要部分逐步掌握。以下三本规范规定了民用建筑设计中最通常、最具有普遍意义的设计要求，在任何类型建筑的设计中，除了专门的设计规范之外，都要用到这三本规范的内容。为了便于理解运用，在学习过程中可以参考规范的图示（图1-12～图1-16）。

（1）《民用建筑设计通则》（GB 50352—2005）；

（2）《城市道路和建筑物无障碍设计规范》（JGJ 50—2001）；

（3）《建筑设计防火规范》（GB 50016—2006）有关部分。

其他专门类别的建筑设计规范与标准，在规划设计相关类别的建筑时可以分别查阅。比如常见的民用建筑设计规范有：

（1）《办公建筑设计规范》（JGJ 67—2006）；

（2）《博物馆建筑设计规范》（JGJ 66—1991）；

（3）《档案馆建筑设计规范》（JGJ 25—2010）；

（4）《港口客运站建筑设计规范》（JGJ 86—1992）；

（5）《剧场建筑设计规范》（JGJ 57—2000）；

（6）《旅馆建筑设计规范》（JGJ 62—1990）；

（7）《汽车客运站建筑设计规范》（JGJ 60—1999）；

（8）《商店建筑设计规范》（JGJ 48—1988）；

（9）《宿舍建筑设计规范》（JGJ 36—2005）；

（10）《体育建筑设计规范》（JGJ 31—2003）；

（11）《图书馆建筑设计规范》（GBJ 38—1999）；

（12）《托儿所、幼儿园建筑设计规范》（JGJ 39—1987）；

（13）《饮食建筑设计规范》（JGJ 64—1989）；

（14）《展览建筑设计规范》（JGJ 218—2010）；

（15）《中小学校设计规范》（GB 50099—2011）；

（16）《住宅建筑规范》（GB 50368—2005）；

（17）《住宅设计规范》（GB 50096—2011）；

（18）《综合医院建筑设计规范》（JGJ 49—1988）

……

还有一些比较重要的建筑技术规范，有的对于设计和施工有密切的联系，有的对于外墙系统、门窗选材有重要

图1-12
民用建筑设计通则

图1-13
城市道路和建筑物
无障碍设计规范

图1-14
建筑设计防火规范

图1-15
《民用建筑设计
通则》图示

图1-16
《建筑设计防火
规范》图示

影响，例如：

（1）《地下工程防水技术规范》（GB 50108—2008）；

（2）《公共建筑节能设计标准》（GB 50189—2005）；

（3）《屋面工程技术规范》（GB 50345—2004）。

······

有些规范更新较快，设计时要查阅最新的规范与标准（图1-17～图1-24）。

2．建筑设计资料集

方案设计前最有效的信息获取方式是查阅《建筑设计资料集》（第二版）1-10，其中的很多内容是对建筑规范、标准的图示性、延伸性的解读，并配有许多实例，做到了详尽性、可参考性，在做具体的建筑方案前给设计者很多思路和提示，避免找不到设计切入点、无处下手或盲目设计（图1-17～图1-25）。

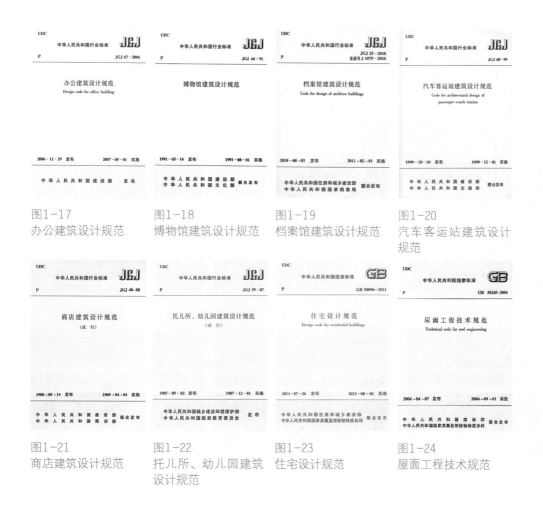

图1-17
办公建筑设计规范

图1-18
博物馆建筑设计规范

图1-19
档案馆建筑设计规范

图1-20
汽车客运站建筑设计规范

图1-21
商店建筑设计规范

图1-22
托儿所、幼儿园建筑设计规范

图1-23
住宅设计规范

图1-24
屋面工程技术规范

图1-25　建筑设计资料集

3．国家建筑标准设计图集

　　在施工图设计阶段，要学会查阅使用工程做法图集。工程做法系列有全国通用的国家标准和各省市地区的地方标准，在施工图的深化设计过程中，其中的楼地面、墙身、女儿墙、屋面、楼梯、室外台阶坡道等各种构造节点的做法可直接查询选用。选用前要注意，有的省市必须采用地方标准，而有的地方则可采用国家标准。在基本掌握标准图集的基础上，根据具体情况可灵活变通图集做法，举一反三，自己设计详图做法。下面列举部分重要的国标建筑图集（图1-26～图1-35）。

图1-26　工程做法

图1-27　地下建筑防水构造

图1-28　楼地面建筑构造

图1-29　平屋面建筑构造

图1-30　外墙外保温建筑构造

图1-31　建筑无障碍设计

1.2.3 设计方法的持续学习与总结

1. 建筑方案设计能力培养

建筑设计方案能力的培养是一个漫长而复杂的学习过程和感悟过程，个人的兴趣和爱好对此也有影响，在校学习的最初阶段是从简单模仿开始，后来进入高级模仿阶段，简单模仿比如平面布局的模仿、建筑造型的模仿、立面材质的模仿等，高级阶段的模仿比如建筑概念的模仿、文化理念的植入、建筑技术手段的模仿等。模仿有了一定量的积累之后，则能够根据设计内容和设计条件的不同，主动提出自己的设计想法和设计见解，能够用自己所理解的设计概念和想法去化解设计中的问题，用自己的设计概念统帅整个设计构架，至此设计者就进入了自主创意设计阶段，成功入了门，开始了新阶段。

图1-32 楼梯 栏杆 栏板（一）

图1-33 公共建筑卫生间

图1-34 室外工程

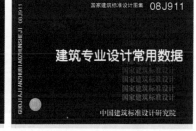

图1-35 建筑专业设计常用数据

悟性较好又能勤奋坚持的学生在校期间就能达到不错的方案水准，及早进入自主创意阶段，而有的始终不愿意进入自主创意阶段，直到跨入工作岗位数年后，随着技术经验的积累，越发觉得创意方案没意思，放弃方案，对建筑施工图和构造技术研究颇深，成为施工图的高手。还有不少人跨入设计院后，由于各种原因一直在做方案，但始终没找到自己的办法，数年如一日始终处于模仿阶段。

建筑方案能力的培养除了有较好的天资和悟性之外，持续的努力学习、积累总结是十分必要的，除了教科书中所讲的最基本的设计方法之外，大量优秀作品的学习、最新建筑设计方案的学习、最新设计概念的趋向和动态的把握是十分有价值的，关于优秀作品学习总结的内容将在后面章节中详细论述。

2. 建筑技术能力扎实积累

建筑技术能力除了对结构、设备、电气等相关专业知识的了解和顺利配合之外，重点要把有关建筑专业本身所需要的构造技术、变通解决施工问题的能力培养起来，集中表现在能够准确、详细地把建筑施工图画好这一重要工作上。有的建筑设计师的工作就是画施工图，不做方案，但要深刻领悟方案创意的特点及内容，以便准确地、高完成度地把方案实现。

施工图设计的学习是从小到大、从简到繁的持续积累的过程，可以先从平面或者立剖面画起，也可以先从详图画起，如楼梯详图、外墙详图。在画平面的过程中会持续关注哪些画，哪些可不画，哪些是重要内容用粗线，哪些是顺带表达的看线用细线，哪些是作为提示性的表达画虚线（如雨篷投影线），建筑图例可查询建筑制图标准，表达深度可查阅建筑工程文件编制深度规定。在画详图的过程中会始终思考构造做法，如外墙做法、屋面做法、女儿墙做法、基础防水做法、散水做法、楼梯踏步做法、栏杆做法、雨篷做法、保温做法、变形缝做法、排水沟做法、台阶做法、坡道做法、出屋面人孔做法、室内的墙面、顶棚、地面做法及用材，这些最基本的做法技术要熟练掌握，开始阶段可参考国标图集和地方图集，在无法确定选用哪种做法好时可以问问有经验的设计师或者参阅优秀的施工图纸。在经过一段时间的构造设计训练或者画过一两个工程图纸之后，我们会对建筑各个部位构造做法有一个整体的了解，甚至每个部位我们会记住2~3种做法，下面列举一些最常用的建筑各部位构造做法，选自国标图集（图1-36~图1-48）。

在深刻理解最常用、最基本的构造做法后，可以拓展一下思路，找一些最新材料和构造进行学习，了解材料的表现效果、构造做法、实现工艺、安全强度等，比如陶板材料、膜结构、艺术混凝土、玻璃板、树脂合成材料、穿孔金属板材、玻璃纤维合成材料等。新材料和新工艺也带动了建筑设计概念的变革和创新，成为建筑方案设计新的方向之一。

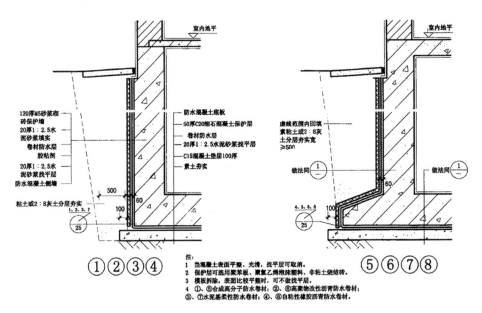

图1-36　地下卷材防水构造做法

名称	编号	重量/(kN/m²)	厚度	简图	构造 地面	构造 楼面	附注
细石混凝土面层（燃烧等级 A）	⑦	1.00	D100 L40	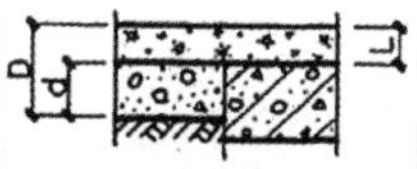 地面 楼面	1.C20细石混凝土40厚,表面撒1:1水泥砂子随打随抹光 2.水泥浆一道(内掺建筑胶) 3.C10混凝土垫层60厚 4.夯实土	1.C20细石混凝土40厚,表面撒1:1水泥砂子随打随抹光 2.水泥浆一道(内掺建筑胶) 3.现浇钢筋混凝土楼板或预制楼板之现浇叠合层	1.建筑胶品种见工程设计,但须选用经检测、鉴定,品质优良的产品。 2.3:7灰土技术要求见GB 50209–1995。
	⑧	1.85	D250 L100	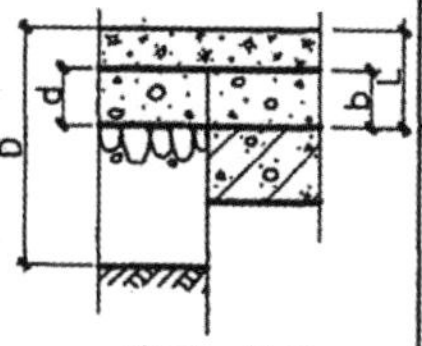 地面 楼面	1.C20细石混凝土40厚,表面撒1:1水泥砂子随打随抹光 2.刷水泥浆一道(内掺建筑胶) 3.C10混凝土垫层60厚 4.碎石夯入土中150厚	1.C20细石混凝土40厚,表面撒1:1水泥砂子随打随抹光 2.刷水泥浆一道(内掺建筑胶) 3.CL7.5轻集料混凝土60厚 4.现浇钢筋混凝土楼板或预制楼板之现浇叠合层	
	⑨	1.85	D250 L100	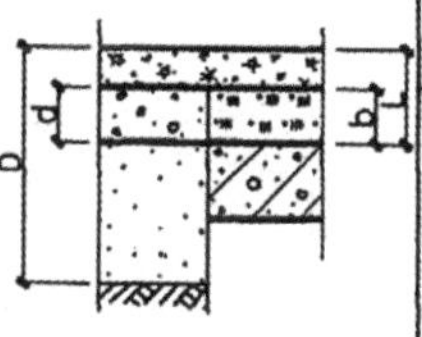 地面 楼面	1.C20细石混凝土40厚,表面撒1:1水泥砂子随打随抹光 2.刷水泥浆一道(内掺建筑胶) 3.C10混凝土垫层60厚 4.5~32mm卵石灌M2.5混合砂浆振捣密实或3:7灰土150厚 5.夯实土	1.C20细石混凝土40厚,表面撒1:1水泥砂子随打随抹光 2.刷水泥浆一道(内掺建筑胶) 3.1:6水泥焦渣填充层60厚 4.现浇钢筋混凝土楼板或预制楼板之现浇叠合层	

图1-37 细石混凝土楼地面做法

构造编号和名称	简图	屋面构造	备注
W26ₓ 普通防水混凝土 W27ₓ 补偿收缩混凝土 W28ₓ 合成纤维补偿收缩混凝土 W29ₓ 渗透结晶型混凝土	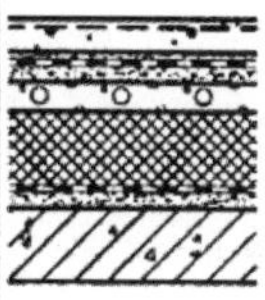	1.混凝土防水层　40 2.白灰砂浆隔离层　≤10 3.卷材或涂膜防水层(按G2页选材表选定) 4.1:3水泥砂浆找平层　20 5.1:8水泥陶粒找坡层 最薄处　30 6.保温层　δ 7.隔汽层 8.1:3水泥砂浆找平层　20 9.钢筋混凝土屋面板	1.屋面防水等级为Ⅱ级 2.有保温层和隔汽层
W30ₓ 钢纤维补偿收缩混凝土	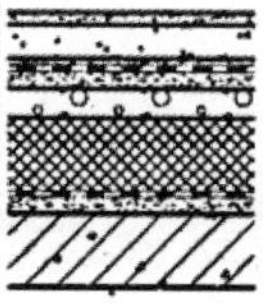	1.1:2水泥砂浆保护层　15 2.混凝土防水层　40 3.白灰砂浆隔离层　≤10 4.卷材或涂膜防水层(按G2页选材表选定) 5.1:3水泥砂浆找平层　20 6.1:8水泥陶粒找坡层 最薄处　30 7.保温层　δ 8.隔汽层 9.1:3水泥砂浆找平层　20 10.钢筋混凝土屋面板	

图1-38 防水屋面做法

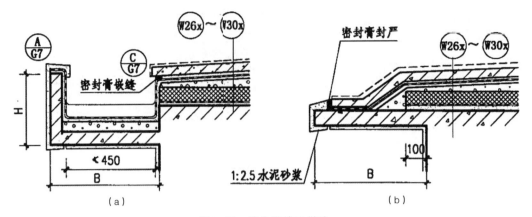

图1-39　檐沟和檐口做法

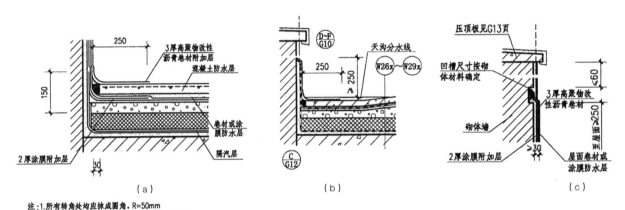

注：1. 所有转角处均应抹成圆角，R=50mm
2. 转角处的2厚涂膜附加层均与屋面采用的卷材
或涂膜防水层同类材质。

图1-40　屋面泛水做法

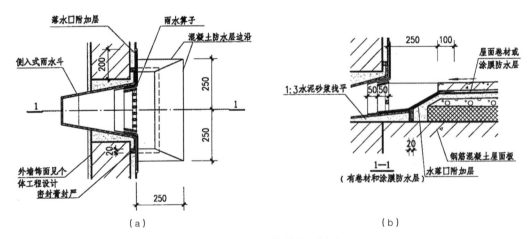

图1-41　女儿墙落水口做法

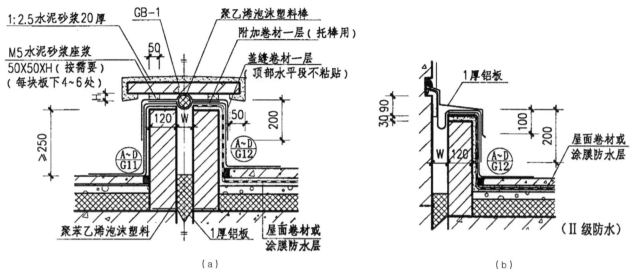

图1-42　屋面变形缝做法

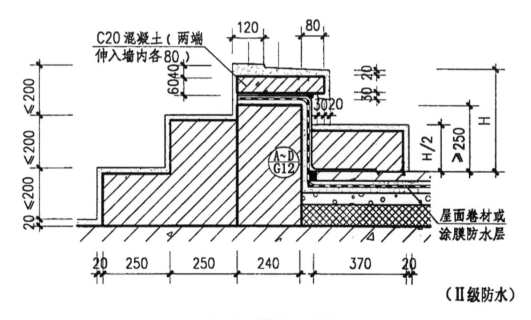

图1-43　屋面出入口做法

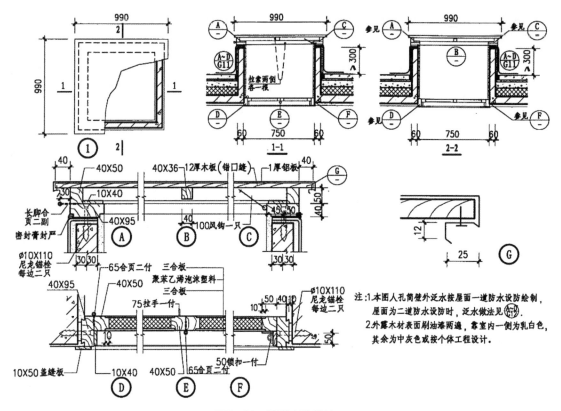

图1-44 屋面人孔做法

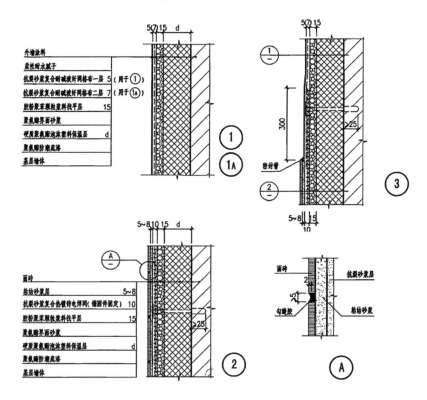

图1-45 外墙外保温做法

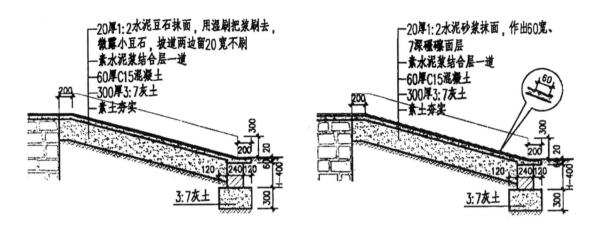

图1-46　坡道和礓磜做法

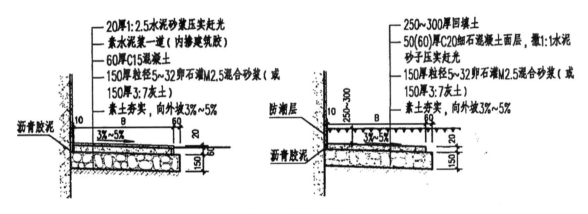

图1-47　明暗散水做法

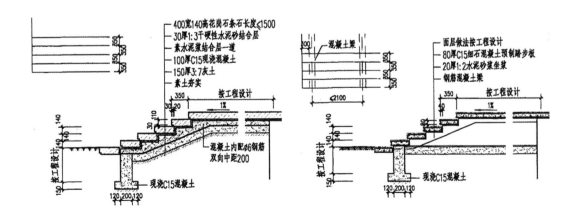

图1-48　室外台阶做法

2

优秀作品的学习与方法总结

2.1

设计思路的
梳理总结

根据在校期间的学习，加上平时对优秀作品集和书报杂志的阅读，我们把设计概念或设计思路具象化，落实到语言、词汇上进行表达，这是建筑设计概念从简单模仿到高级模仿，甚至到自主创意阶段最重要的学习方法和实践方法。经过不断地学习和积累，再运用到具体项目中，如此反复将会大有收获。下面我们将梳理总结的设计概念和实例（括号内实例编号）一一列出。

2.1.1 环境、规划和布局

环境是建筑存在的物质基础，是设计想法产生与发展的起始点。无论是自然环境、人文环境，还是地域环境、城市环境，都将对设计本身产生决定性的影响。

建筑可以是对既有环境的形态延续，也可以是环境要素的模拟再现，或是对生存于环境中的人或物行为规律的反映，也可以是精神领域的升华和提炼。

环境在很大程度上决定着建筑的规划和布局，建筑的功能属性和其他相关要素也不断地影响着建筑的规划和布局。

例如：

唐山城市规划展览馆，一个以城市展览馆为主题的公园，保留改造部分有历史价值的仓储建筑并结合环境整合，通过平行、通透、联系、放大、对比等原则得以规划实现（例04）。

成都老城区商业楼设计，地处老城核心区，具有浓郁的人文特色，兼顾娱乐和休闲行业的要求，做出既具有历史性又具有现代性特色的商业建筑（例20）。

凉山民族文化艺术中心，大地艺术，建筑体魄从旷野中隆起，向周围群峰致敬。建筑设计塑造与周围自然环境达到完美的契合（例35）。

深圳大芬美术馆，对村落油画产业与庸俗文化商业基地的整理与调和，使自发的生活形态得以延续发展，美术馆与村落的结合，项目介入促成艺术介入，对周边城市机理进行调整，诱发编织出崭新的城市聚落形式（例38）。

北京大学国际关系学院，体现了对现有自然条件的利用和对燕园风景保护区植被树木的吸收和利用。总平面布局中，建筑退让形成绿化内院，大树与建筑空间融合，尺度宜人，创造出良好的人文环境和精神场所。建筑物与周围环境对景、呼应，创造出丰富的街景立面（例42）。

广东工业实训中心，相容建筑——由城市公共空间切入建筑设计的方法，建筑平面及形体与三角形用地紧密结合，尽力寻求与城市空间的和谐共存，延续城市机理与形象（例43）。

意大利维吉流斯山林度假酒店，宛如自然生成，位于生态环境保护区的高山隐居处，没有公路通达，展示"摆脱一切"的简洁形式木构建筑（例51）。

上海朱家角新镇水上宾馆，建筑在高度、尺度、形态上与古镇相谐调，反映了历史文化的延续性和真实性。用水乡古镇的空间特色作为基本素材进行规划设计（例53）。

2.1.2　概念、寓意和主题

概念是设计的主旨与灵魂，是设计过程中最需要坚持、贯彻到底的精髓的内容。不同的建筑有不同角度、不同思路的设计概念。一个设计项目中可有多种概念，或有主有次，它们相互补充，共同组成建筑的核心内容，形成建筑的设计特色。

建筑的设计概念有的可围绕着功能主题，有的可在交通组织流线上做文章，或者从地域文化的表达上切入，也可在建筑结构技术、材料特征上体现特色。

比较特别的博物馆、专题艺术馆和展览馆具有特定的主题功能，一般建筑概念需要和主题功能紧密结合，并配合相应的结构、材料和技术来实现。

例如：

深圳建科大楼，是以绿色生态节能、可持续发展的设计概念来实现国内夏热冬暖地区办公综合建筑的综合示范工程（例06）。

北京市高级人民法院，司法建筑的象征性，实体墙面代表裁决的意向，面向城市的西立面以"实体墙面的凹洞"作为形式的特征语言和母体（例10）。

化学工业出版社办公楼，外墙材料灯芯绒混凝土预制板牵引出粗鲁的诗意，寓意森林中的书屋，最大限度地引入室外公园的四季风景（例12）。

天津大悲院商业街，设计主题是翰墨留香，取义中国文化精粹书、画、印。总体布局概念为文化烙印，一方印章立于新旧文化之间，形成中心对称、围合式的传统院落建筑群（例21）。

天津大沽口炮台遗址博物馆，精神性是设计的核心概念，通过多种手法营造一种氛围，强调建筑和环境对人心灵的影响（例24）。

中国电影博物馆，以中国电影艺术成就为主题，是集博览展示、礼仪娱乐功能为一体的国际化电影文化中心，以周围场地环境及电影艺术特征作为设计出发点和切入点（例28）。

上海世博会日本馆，设计理念是"会呼吸的生命体"，建筑是个有机体。通过六根空心的呼吸柱，引入光线，收集雨水，拔风循环空气，达到光、水、空气循环的效果（例61）。

上海世博会荷兰馆，类似游乐园的回旋坡道上挂满展馆，寓意创造好的街道，提升城市的宜居性（例63）。

2.1.3　形体和视觉

建筑最为直接的认知方式之一便是通过形体的表现，形成强烈的视觉印象，建筑形态的推敲、形体的塑造也是建筑设计最直接的目标之一，建筑的视觉冲击力是建筑设计中不可回避的问题，同样关系着设计的成败。形体的设计关系着周围的环境、场地，联系着地域的文化特征、周围建筑的风格和排布，对空间的塑造和功能使用有着最强的影响力。

例如：

北京华侨城售楼处，室外一点透视的视觉效果，在移动中跳跃于室内与室外的散点透视（例01）。

斯洛文尼亚 L公寓，建筑分为3个垂直方向的有明显区别的体块，坡屋顶为不同方向，立面凹进部分形成入口（例19）。

北京房山世界地质公园博物馆，用山川沟壑的形成演绎建筑体量创意，以多次抬升的造山运动解释形态的变化，以溪流峡谷比喻虚实相生的建筑空间（例25）。

北京市新少年宫，采用充满动感、生机勃勃的五瓣花和具有生长感的树枝状曲线造型，简单、活泼、可爱的形象强调了"知识和艺术殿堂"的概念，激发孩子的创造热情（例32）。

阿布扎比艺术馆，炎热的沙漠中，极具动态雕塑感的房子漂浮悬空，产生最大的阴影清凉空间，折面变化的露天屋顶，其光影变化带来视野层次的穿越（例36）。

大连海中国美术馆，在平行于海的方向上，木平台经由撕裂、褶皱、隆起、折叠等一系列构筑手段，完成一个有容积的遮蔽物，垂直于海的方向上则形成观海界面，造就了有使用价值的空间（例37）。

南开大学MBA中心大厦，下面一个"灰台子"，上面放两个"白盒子"，白盒子里面是"红笼子"，红笼子后面是"灰箅子"。白盒子限定空间，红笼子装着大教室，形体空间与功能组织、材质搭配紧密结合（例40）。

沈阳马三家伯特利堂，以几何形体的构成感、抽象形式以及单纯的色彩来表现教堂建筑的特征（例55）。

荷兰莱利斯塔德剧场，从剧院的原始功能出发，营造出一个变幻莫测的舞台世界。通过多棱面组成的建筑内墙和外墙，在内部和外部重现变幻的舞台体验。两个远离的音乐厅和相关功能房间共存在一个巨大体量中，在不同方向各自伸展，创造出极具戏剧效果的建筑形体（例56）。

上海世博会奥地利馆，流动的造型极具视觉冲击力，以曲线拓扑体为基础，建筑形态和内部空间紧密结合，每个空间都是对奥地利的音乐、文化、传统工艺和城市环境的暗喻（例65）。

2.1.4 空间、流线和功能

建筑设计最核心的目标之一是空间的塑造，空间主要分为特定功能空间（封闭）、公共交通空间（开敞）等，公共交通空间把各个特定功能空间串联起来，形成了多样化的合理的流线，建筑的功能由此开始实现，并变得丰富多样。

建筑空间的范围一般是指建筑内部空间、与人的活动有直接关联的建筑外部空间以及内外过渡空间。空间的塑造与功能的实现是建筑设计最直接的目标，很多时候需要在设计过程中克服二者的矛盾。空间的品质是建筑师最看重的设计结果之一。

例如：

深圳星河购物公园，引入"购物+公园"的概念，公共空间为开敞式设计，形成一个大面积的下沉休闲广场，各种商业围绕其周围布局，宽阔的楼梯、错落的室外平台和连廊形成能够进行多种推介、演艺、展示活动的"场"（例22）。

德国斯图加特的奔驰博物馆，建筑周边两条坡道连续相互交叉，如同DNA螺旋体，便于随时更换参观路线，坡道与展区平台（每片叶子）设有人行桥，参观路线与各种空间形式的穿行激动人心（例26）。

北京韩美林艺术馆，展厅之间相对独立，通过中庭空间的坡道和桥将不同标高的两部分展厅连接起来。特定的参观路线将空间、展品、流线三者巧妙结合起来，将建筑与艺术家的创作特点和作品结合起来（例34）。

中科院研究生院教学楼，教学楼中的合班教室和单班教室两种不同类型的并置，南侧四层5.4米高的合班教室与北侧六层3.6米高的单班教室通过内庭过渡与联系，形成有趣的场所空间（例41）。

清华大学美术学院教学楼，设计追求功能内在的逻辑性和空间组织的秩序性，在理性原则的控制之下展示了功能与空间完美的结合。建筑内向空间具有较好的景观，提供了多种人性化尺度的舒适空间感受，建筑师根据建筑不同的功能营造出不同的空间体验和氛围（例46）。

河北吴桥杂技艺术中心，创造梦想的舞台，通过变化、穿插，创造丰富的空间，给参观者和使用者带来新鲜的体验，杂技剧场、博物馆、文化观营造出梦幻的气氛。建筑的形式逻辑模拟杂技人员表演姿势的延展性和异化，形成空间的丰富表现力（例59）。

上海世博会丹麦馆，螺旋式上升的结构形式，展示了建筑中的循环式路线，形成两个平行的内、外表面，内表面为闭合空间，容纳了展馆的不同功能区（例66）。

2.1.5 审美、体验和意境

建筑审美要素是多维的、多层次的，美学价值的认知也是针对不同的建筑而评判的。传统建筑美学法则（统一、均衡、比例、尺度、韵律等）在当今的建筑设计领域依然占据重要位置，但建筑的审美变异因素已经超越其视觉美学和空间美学的范围，当代建筑在美学上表现出一种独异性、一种新的精神：通过一种哲理表述而传达出来的激进的怀疑和批判精神，这种新的美学精神表达出建筑审美方式的改变。建筑的魅力并不一定在于视觉的完整和完美，有时也存在于零碎和狂怪甚至丑陋之中，通过逻辑的变化或技术的突破重新认识美的法则。

对建筑空间的体验是设计中重点要传达的信息之一，体验建筑是对设计有效直接的检验手段，是不可缺少的过程和环节，建筑氛围的体验是文化类建筑重点要表达的设计概念和设计目标。

例如：

北京延庆野鸭湖宣教中心，人流通过坡道或大台阶进入保护区，参观的过程顺畅飘逸，如鸟儿在空中盘旋飞行，流线如同候鸟迁徙的征途，多变但坚定，曲折却唯一的过程体验（例03）。

唐山城市规划展览馆，让毫无美学价值的原有建筑群能够在新环境和加建部分的衬托下彰显出质朴的内在美，变成非常有魅力、有个性的审美对象（例04）。

化学工业出版社办公楼，多层工业厂房的"改写""拼贴""重组"，根据新的功能需求把原来空间进行叠置、穿插、联通，内部机能追随工艺美学逻辑（例12）。

四川建川博物馆战俘馆，调动一切有形、无形的手段，营造出更有感染力的意境和氛围。高墙夹峙的曲折通道形成沉重压抑的环境。展室是一个连续的迂回曲折的空间序列，与建筑形体断裂、扭曲的肌理一致，呼应心灵和身体遭受摧残和凌辱的生活体验（例27）。

舟山市教育学院，现代中式建筑风格，对传统建筑加以分析提炼，将传统的装饰语汇加以符号化和抽象化，使之符合现代人的审美观念，使环境既古朴典雅，又不失时代感（例44）。

北京龙山教堂，两个体量前后相接组成教堂主体，表现为一凹一凸、一敛一扬的相反空间，于稳重的宗教空间中融入了视觉上的变化。室内一系列竖向窄窗排列其上，向高处递增，光线洒入给肃穆教堂增加了温暖，并成为心灵净化的引导（例54）。

上海世博会芬兰馆，纯粹建筑意境的表达：一片如镜的水面之上，浮动着白色圆滑的壶状体，来表达远古时代冰川形成"欧穴"的意向（例69）。

2.1.6　景观和庭院

室外景观、室内景观和半室外半室内景观的设计，通过改善空气流通、日照条件、绿植要素、水环境等，借助艺术化设计、功能性使用等法则，来达到美化建筑空间、改善微空间环境、增加人与环境和谐互动的目标。

庭院是建筑空间设计中常用的形式，无论是围合庭院、下沉庭院，还是室内中庭，或是特异的、出挑的台，可通过"通""透""敞"的形态，在与景观、功能综合设计中实现其设计目标。庭院设计中地域文化要素的体现是非常重要的。

例如：

北京兴涛展示接待中心，景观（水和庭院）设计与功能流线和空间体验的密切性，低造价实现设计（例02）。

天津大学冯骥才文学艺术研究院，60米见方的合院，房子斜插进去，四面高墙围合，形成不同尺度的中国合院，写意手法营造出一种东方书院的意境，水池、小亭、青砖、瓦片、木板路，保留树木（例45）。

武汉市艺术学校，校园建筑空间形态与本地区的气候特征相适应。校园的立体空间与环境设计，架空空间与多样化公共空间，立体景观与借景空间，对水环境充分利用（例48）。

北京中信国安会议中心庭院式客房，庭院式客房内部围绕一个内庭院成U形布置，主要空间面向庭院，辅助空间面向山谷（例52）。

上海朱家角新镇水上宾馆，沿着内部通廊游走其间，犹如江南传统园林，处处对景、借景，层层递进，峰回路转。景观上利用错落布局，加大湖面景观，营造滨水景观，形成江南水乡美丽画卷（例53）。

2.1.7 材质、立面、表皮和色彩

建筑材料选择已经成为设计表达最重要的方面之一，甚至上升到"材料语言"的高度来定位建筑材料的重要作用。依托建筑材料技术的快速进步，建筑设计理念和空间品质的实现能力大幅提升，建筑材料和表皮设计已经成为建筑设计表达的重要方面，材料表达时常成为建筑设计的创新点，材料语言已经成为必要的表达方向。

外墙材料的设计影响着建筑的立面、表皮系统和建筑的色彩，建筑空间的表达与建筑形象的实现对材质有较高的要求。建筑材料和色彩的选择影响着建筑的文化性和艺术性的表达，决定着建筑的性格和气质，成熟的建筑师都有自己一整套或不同系列的材料表达方法，从而形成自我的建筑"风格"。

例如：

北京华侨城售楼处，清水混凝土、烧毛花岗岩、青石板条、原木、玻璃、金属板材质的运用搭配（例01）。

北京联想研发基地，国内大型的清水混凝土用在办公建筑中的项目（例05）。

上海朱家角行政中心，外形上采用外挂青砖、清水混凝土、花格砖墙等朴素材料，以砖的模数来界定外墙的竖向模数，形成立面上的有机韵律感和空间上的亲切庄重感（例11）。

斯洛文尼亚的俄罗斯方块公寓，立面像俄罗斯方块，阳台外墙用三色木制板，竖向之字形排布（例18）。

首都博物馆新馆，简洁矩形平面与北京城市格局相谐调，非对称的形体呼应街角空间。青铜、木材、陶砖等传统材料代表老北京历史，先进的建造技术体现北京现代与未来发展（例29）。

中国科学技术馆，建筑立面"拼图单元"正面采用连续的白色波形金属板，侧面为绿色反射玻璃与不锈钢板的组合，波形金属板采用不同的排列角度，随着日光照射角度的不断变化，每块波形板的阴影也随之改变，立面呈现明暗变幻的立体图景，整个建筑犹如一个披着变幻迷彩的魔方（例31）。

合肥赖少其艺术馆，艺术家将自己的画室命名为石木斋，"石木一堂"设计主题把建筑分为主馆和副馆，外装的石材和木材形成对比（例33）。

北京师范大学珠海校区教学楼，形象上采用"雕"的手法，在大面积实墙上设置大的开洞，具有透空雕塑感，利用砂纹肌理的石材作为主要空间饰面材料，具有不饰雕琢的性格

（例39）。

上海青浦区体育馆，外皮材质设计为上面乳白色聚碳酸酯板材做成编制状，下面用铝合金穿孔板及局部铝合金方管，形成现代、开放式外衣（例57）。

北京复兴路乙59-1号，根据原建筑无规律的层高和柱网结构体系确定幕墙的金属框架网格，根据功能不同采用四种不同透明度的彩釉玻璃（例58）。

巴基斯坦巴中友谊中心，伊斯兰纹样提炼的金属镂空表面形成遮阳和光影幻觉，镂空和红砖形成虚实对比，表现了地域文化（例60）。

上海世博会阿联酋馆，外壳运用涂覆氧化膜层的不锈钢面板，在夏日阳光下变幻出沙漠特有的玫红色彩，形成沙漠沙丘流动的光影感，形成场馆的最大特色（例62）。

上海世博会法国馆，混凝土网架的柔美曲线勾勒出建筑的外表皮系统，将内部的不同形体整合在韵律和动感逻辑中，灰白色的机理呼应着巴黎城市（例64）。

上海世博会西班牙馆，利用柳条工艺的不确定性，展示柳条作为一种中西共有的技艺、可持续的和可再生的材料，仍然可以运用到现代建筑中（例68）。

2.1.8　文化、传承和创新

建筑文化源于地域文化，在生产生活方式的变迁中不断发展，随着建造技术的不断进步而发展，继而传承和创新。建筑设计中对于文化的表达和对地域文脉的体现主要分为两大方面：形和意。对"形"的理解可体现为建筑形体、空间格局等直观的内容形式，从大的体积轮廓、形象面貌，到局部的部件、符号、色质、材料都提供了最直观的文化表象；将建筑空间形态所体现的文化内涵、精神意义挖掘出来是学习建筑更高层面的内容，结合地域文化特征、中国传统文化特征、山水园林特点、生活哲学的理解、人文历史的线索，通过现代建筑的建造技术进行实现，即所谓建筑"意"的表达。

建筑文化精神意义是通过"形"作为载体进行表达的，一般通过形体的再现、型的演绎等方式来实现。特色的文化符号、贯有的空间格局通过不断传承和在设计中的运用获得大家在认知上的共鸣和认同，通过现今时代的材料和技术的实现，不断创新和发展。

例如：

北京门头新村A地块，挖掘地域文化特征，探索适于北京人居住的生活模式，不拘泥于已有的建筑形式（例13）。

深圳万科第五园，提炼传统民居精神中的中国情结，用白话文写就传统：村、院、墙、素、冷、幽（例15）。

深圳蛇口半山公寓，运用中国的"山水"和"园林"表达一种生活哲学和对自然的向往，塑造全新的居住空间，将传统的居住模式和现代生活有机结合（例16）。

成都老城区商业楼设计，三个独具特色的内院，增加了建筑、入口与街道之间的空间层次，内院按照江南造园手法设计，小桥流水、曲径通幽，凸显文化特色（例20）。

苏州博物馆，从整合吴文化种种精神符号入手，在历史与美学、新与旧之间建立一种整体比照和联系：总体庭院布局与四周的古城保持相似的格局，空间四合院与园林庭院的交融（例30）。

中国美术学院校园整体改造工程，将历史文化积淀和现代艺术氛围融合于变幻的景象之中，突出传统建筑文化和江南地区建筑的内在特质，建筑环境和景色秀美的湖山形态取得平衡和谐调，体现了人文积淀和历史厚重感（例47）。

四川美术学院新校区设计艺术馆，位于小山顶，以重庆特有的山城聚落和近代重工业建筑历史文脉作为形态依据，延续地方特色，同时具有仓储、车间等当代建筑空间的艺术时尚性（例49）。

上海世博会中国馆，东方之冠（斗拱、冠帽、礼器鼎），主轴统领；传统构架，现代演绎；九洲清宴，园林萃集；九叠篆刻，传承转译文化信息；中国之红，和而不同，多维审美表达（例70）。

2.1.9 环保、节能、绿色和可持续

绿色建筑的建设与评价应因地制宜，统筹考虑并正确处理建筑全寿命周期内节能、节地、节水、节材、保护环境、满足建筑功能之间的辩证关系，实现经济效益、社会效益和环境效益的统一。

例如：

深圳建科大楼，将传统建筑设计只对建造成本负责，扩大到建筑策划、定位、设计、建造、使用、管理、维护等建筑物全寿命周期的成本理念（例06）。

丹麦企业会馆，科学的自然采光按照太阳运动轨迹设计，设置屋顶窗、斜窗，开放式、富有生气的工作环境感受着季节的变化（例07）。

苏州生物纳米科技园管理中心，创建开放式的、生态化的、具有可持续发展能力的节能办公空间、智能化科技园区，细胞概念的圆形设计元素、铝镁合金穿孔遮阳篷形成大尺度的内庭花架遮阳、保温隔热，充足的层高和气流形成绿色办公环境（例08）。

天津汉沽中新生态城城市管理服务中心，低造价、低能耗、易维护是本改扩建工程的绿色标准，是阳光、空气、水的类自然生态环境的营造（例09）。

上海世博会沪上·生态家，师法自然，从传统民居中提炼，强化低技应用的可实施性与易推广性。综合风、光、影、绿、废等生态元素，进行构造与技术设施的一体化设计（例17）。

北京市新少年宫，平面五瓣花式布局，由中厅连接，形成多个室外空间，大厅中4个直通室外的大玻璃圆筒直接引入阳光，种植树木，创造了良好的环境。建筑西侧下沉式庭院、立体绿化植被系统与周围植物园浑然一体（例32）。

意大利维吉流斯山林度假酒店，材料与构造设计都体现了低能耗，采用生物能而非燃油和燃气，热辐射供暖，不失为高技术、高质量的建筑（例51）。

2.1.10 技术、系统和营建

地域的建筑材料，采用传统的建造方法，是对地域建筑文化的传承；采用现代建筑材料，利用结构空间技术，配合各种节能、节水和智能系统，打造出现代建筑，同样是建筑设计所追求的有效途径之一。

例如：

青城山石头院，利用本地的青石材料，结合传统建造方法，是对中国地域建筑"现代性"的积极探索（例14）。

五女山高句丽遗址博物馆，建筑利用了本土材料和当地营建技术，外部模拟王城遗址，而采用的石块筑墙也延续到展厅内部，形体之间扯开缝隙若干，让自然光景渗入室内，试图强调时空的转换，让古老的传说复苏，与今人产生情感交流（例23）。

德国斯图加特的奔驰博物馆，建筑反映出时代最好的质量，表现出奔驰公司的综合价值：技术先进、智能化、时尚化，既兴奋又舒适的体验（例26）。

中国科学技术馆，采用了雨水收集与利用系统、中水利用系统、冰蓄冷系统，并局部安装了太阳能发电系统、风力发电系统、光导照明系统、计算机网络系统、通讯与信息系统、数字会议系统等（例31）。

中国美术学院象山校区，大量使用便宜的回收旧砖瓦，并充分利用手工建造方式，将这一地区特有的多种尺寸旧砖的混合砌筑传统与现代建造工艺相结合（例50）。

上海世博会德国馆，以最少的支撑构件来支撑庞大体量，利用结构空间效应来减少结构构件的尺度。双层外表皮维护结构，主钢结构外包100 mm彩钢夹芯板，外侧是一层开放式、网格状的膜，由聚酯纤维基布和PVC涂层复合而成（例67）。

2.2 优秀作品与学习解读

2.2.1 展览和宣传建筑

01 北京华侨城售楼处
都市实践建筑事务所

学习解读:

· 从平凡的功能中衍生出诗意化的生活,将简单的项目变得更有意义。
· 室外一点透视的视觉效果,在移动中跳跃于室内与室外的散点透视。
· 顶层设置画廊,整体把售楼处创作定位成现代生活艺术馆。
· 清水混凝土、烧毛花岗岩、青石板条、原木、玻璃、金属板材质的运用搭配。

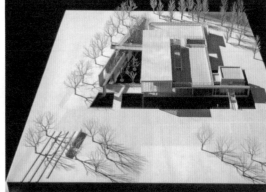

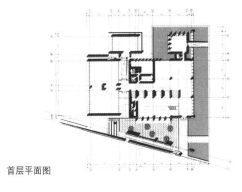

首层平面图

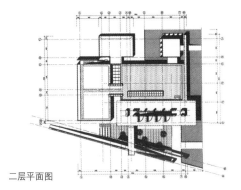

二层平面图

02 北京兴涛展示接待中心
中国建筑设计研究院

学习解读：

· 用一种有趣的方式将特有的商业功能与中国传统园林的空间体验和东方意味融合在一起。

· 以一种动态的流线来体现建筑的使用过程，通过墙这一要素的延伸变化来引导。

· 景观（水和庭院）设计与功能流线和空间体验的密切性，低造价实现设计。

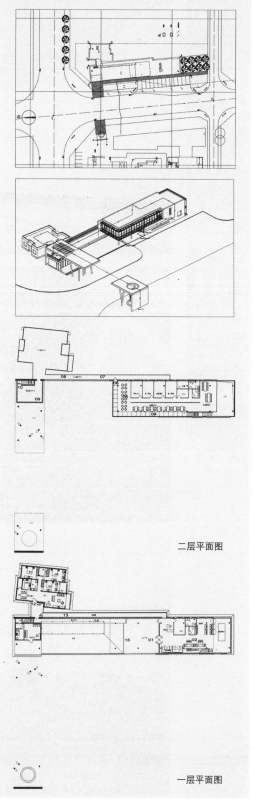

二层平面图

一层平面图

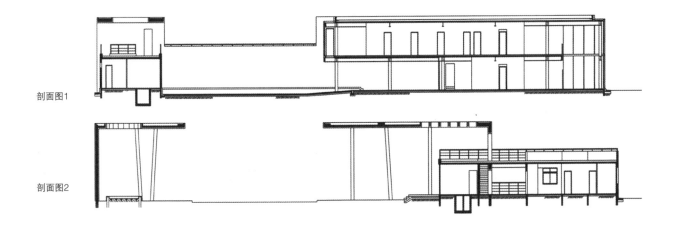

剖面图1

剖面图2

03 北京延庆野鸭湖宣教中心
中国建筑设计研究院

学习解读：

· 建筑充满活力，如上苍在浮云流水间无意中挥洒的一片丹青，洁白纯净，具有独一无二的精神内涵。

· 室外人流通过坡道或大台阶进入保护区，提供人们穿越建筑的机会，展厅部分通过坡道连接，参观的过程顺畅飘逸，如鸟儿在空中盘旋飞行，流线如同候鸟迁徙的征途，多变但坚定，曲折却唯一。

· 建筑与自然环境浑然一体，参观学习的同时，可感受自然界的广阔和博大。

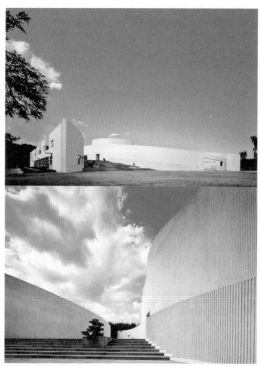

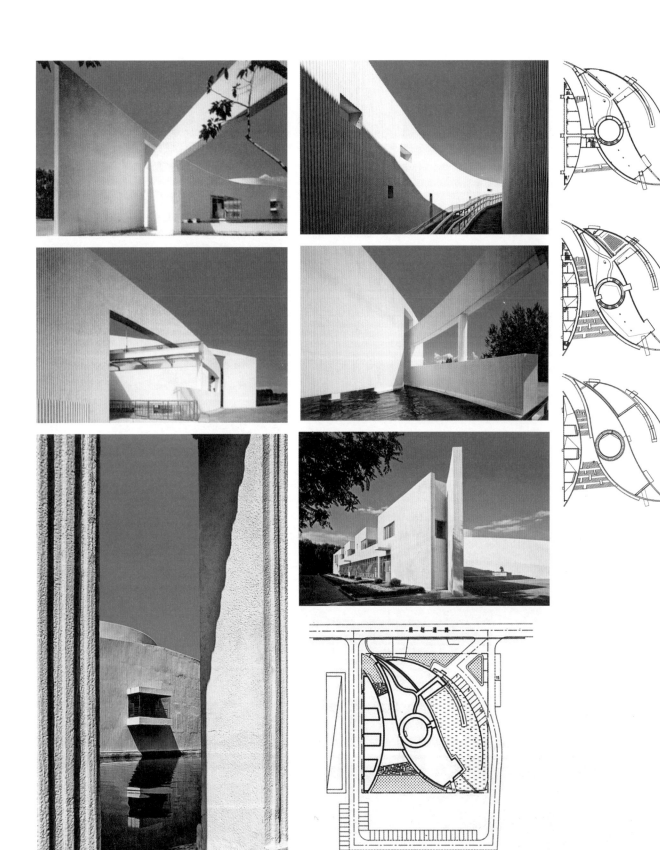

04 唐山城市规划展览馆
都市实践建筑事务所

学习解读:

· 保留改造一部分有历史价值的仓储建筑并结合环境整
合,塑造一个以城市展览馆为主题的公园,体现了城
市文脉延续的意义。

· 让毫无美学价值的原有建筑群能够在新环境和加建部分的
衬托下彰显出质朴的内在的美,变成非常有魅力、有个性
的审美对象。

· 加建部分的设计精心呵护和放大了原保留厂房与山体间构
图上的天作之美。

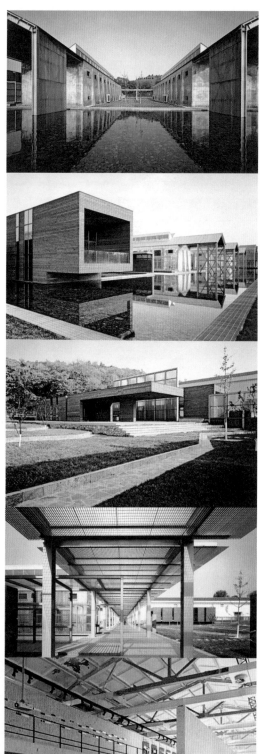

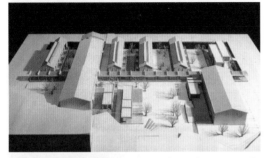

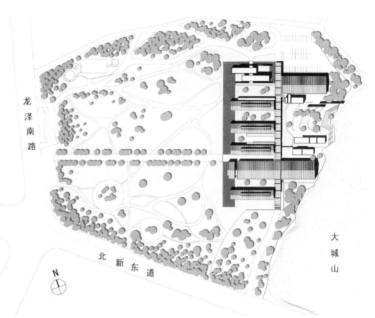

龙泽南路

大城山

北新东道

N

一层平面图

二层平面图

平行原则：加建实体平行于原建筑，同构于原建筑。

通透原则：加建部分不构成对山体的遮挡。

联系原则：通过连廊和水池等形式将离散的建筑统一成一个整体。

放大原则：通过对第二次世界大战时期仓库的屋顶和门廊的重建来夸张它们的固有形象。

对比原则：通过彻底保留建筑墙体原貌，选择木材和钢格栅作为新建建筑和硬质景观的唯一外装材料，以形成新旧对比。

和谐原则：通过加建部分来揭示原有部分的内在美。

2.2.2 科研和办公建筑

05 北京联想研发基地
北京市建筑设计研究院

学习解读：

· 半开放、半围合的布局，现代中国园林式景观布局。
· 标准化、网络化、模块化、可移动式研发办公楼的独立与联合运营。
· 国内大型的清水混凝土用在办公建筑中的项目，圆洞窗、月亮门具中国韵味。

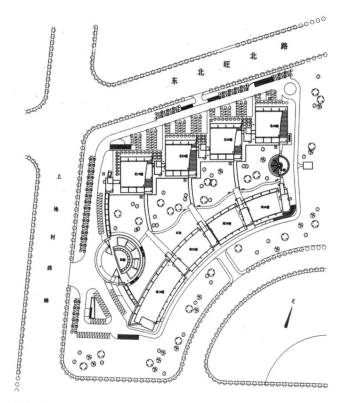

总平面图

首层平面图

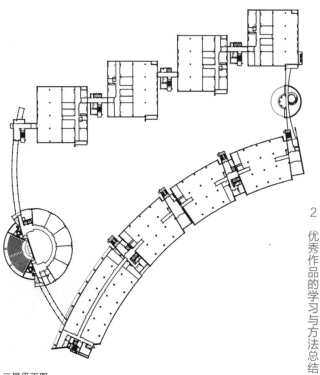

三层平面图

06 深圳建科大楼
深圳市建筑科学研究院有限公司

学习解读：

· 国内夏热冬暖地区办公综合建筑，绿色生态节能、可持续发展的综合示范工程。

· 三维信息化（BIM）解决方案Revit软件应用，实现高效直观操作环境，各专业人员实现更有效的配合沟通，
有效提升设计品质，实现建筑设计与技术模拟同步化。采用参数化设计系统，数据信息进行实时统计。

· 将传统建筑设计只对建造成本负责，扩大到建筑策划、定位、设计、建造、使用、管理、维护等建筑物全寿
命周期的成本理念。

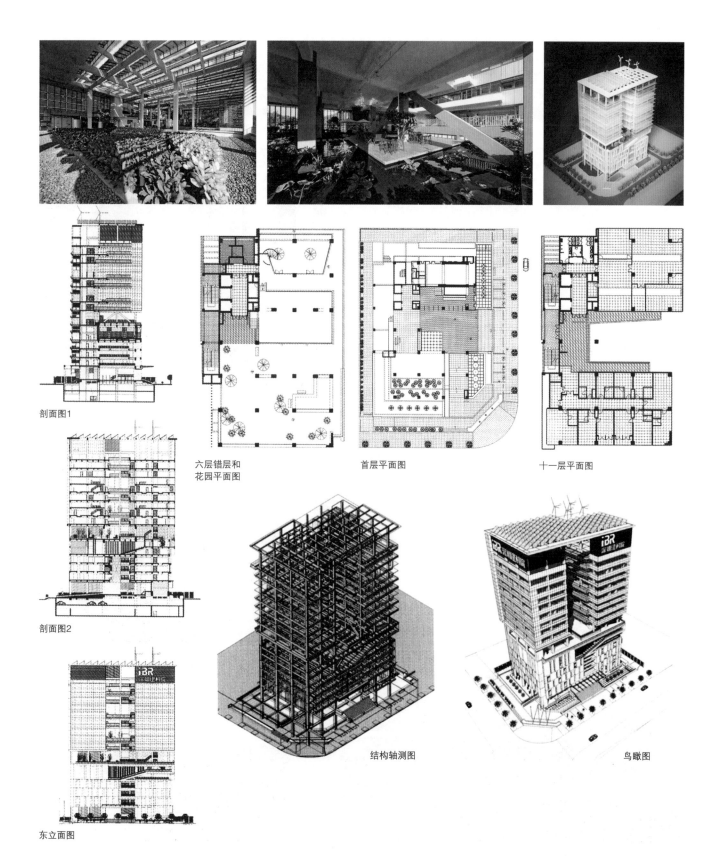

剖面图1

六层错层和
花园平面图

首层平面图

十一层平面图

剖面图2

结构轴测图

鸟瞰图

东立面图

07 丹麦企业会馆
丹麦阿科迪玛建筑设计事务所

学习解读：

· 科学的自然采光按照太阳运动轨迹设计，办公期间可获得舒适而均匀的光照，通过屋顶窗、斜窗、带型天窗可感受到季节的变化。

· 开放式、富有生气的工作环境，丰富的公共空间，先进的智能技术。

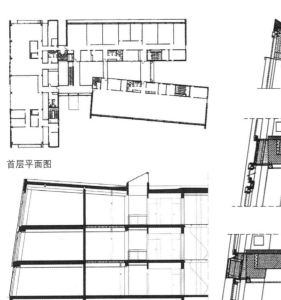

首层平面图

横向剖面图

08 苏州生物纳米科技园管理中心
维思平建筑设计有限公司

学习解读:

· 创建开放式的、生态化的、具有可持续发展能力的节能办公空间和智能化科技园区。

· 采用细胞概念的圆形设计元素,行政中心为整个园林广场的可呼吸绿肺,成为视觉上的焦点。

· 建筑与建筑之间的园林上覆盖造价低廉、效能良好的铝镁合金穿孔遮阳篷,形成大尺度的内庭花架,可提供遮阳和保温隔热,充足的层高和气流形成绿色办公环境。

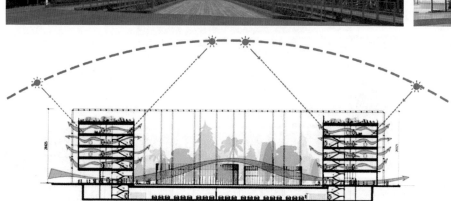

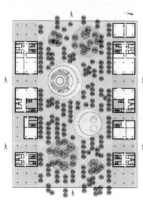

09 天津汉沽中新生态城城市管理服务中心
北京墨臣建筑设计事务所

学习解读:

· 低造价、低能耗、易维护是本改扩建工程的绿色标准。老式教学楼改造成为城市管理服务中心,"时间短、低造价"符合业主的原则。结构加固,保留水磨石的历史感。拆除弧线楼梯的栏杆,代之以钢化的水幕墙,楼梯间顶部做采光顶,形成光的步道。

· 东侧和南侧新建的两层高的玻璃大厅成为共享空间,拥有良好的阳光、空气、水的类自然生态环境,形成生态幕墙(进风排风装置、水幕、遮阳植物种植、水池、遮阳百叶)。

· 北侧设计新楼,在形态尺度上与旧楼浑然一体,围合形成矩形景观内院。屋面布置太阳能热水器,预留太阳能光电板电路,顺应屋顶框架形态进行屋面连接,错落有致。利用地源热泵制热制冷系统、雨水收集系统等。

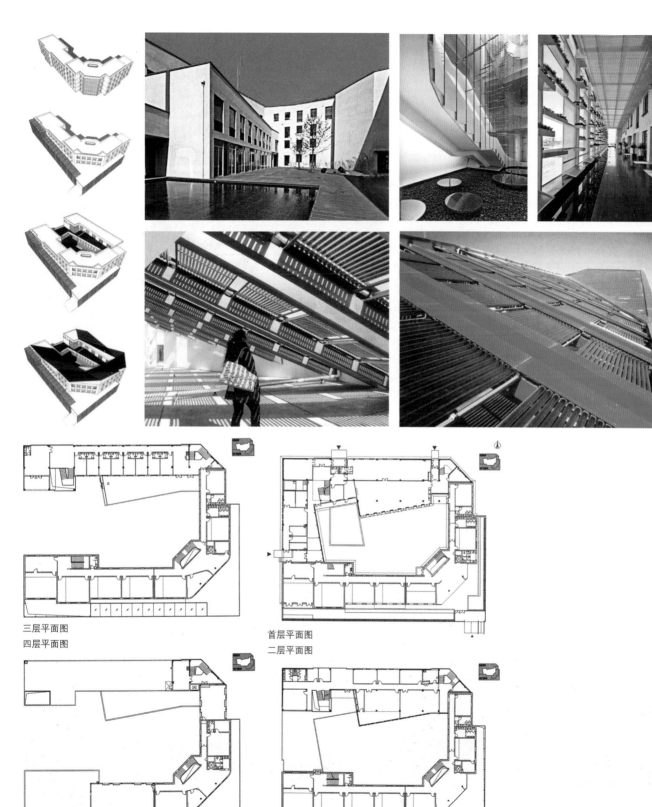

三层平面图
四层平面图

首层平面图
二层平面图

10 北京市高级人民法院
北京市建筑设计研究院

学习解读:

· 司法建筑设计观念: 空间的公共性和社会服务的便利性贯穿始终。全面服务于社会, 为市民提供法律咨询、法律裁决等服务。东便门角楼坚实而沉重, 开阔的城市广场尊重环境, 融入环境。

· 建筑流线是来访者对法院空间的体验过程, 严肃、公平、无私是对法律形象的体验, 通过建筑空间来实现。参照西方古典空间样式, 在高大空间的相互连接和连续升高的线路中完成来访流程。复杂的平面功能表现在多重流线的相互隔离、审判服务空间配置的完善性、私密性等。

· 实体墙面代表裁决的意向, 体现了司法建筑的象征性。面向城市的西立面以"实体墙面的凹洞"作为形式的特征语言和母体。室内设计风格庄重、简洁, 并与室外保持一致性。

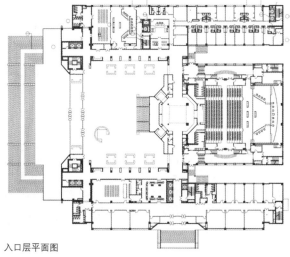

入口层平面图

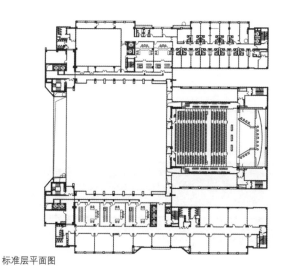

标准层平面图

11 上海朱家角行政中心
马达思班建筑设计事务所

学习解读:

· 采用具有江南水乡特色的建筑形式,融入现代建筑理念,构思精巧,错落有致,使其成为一个具有亲和力的行政办公中心。

· 平面紧凑有序,利于采光通风,并充分利用了周围庭院的景致。外形上采用外挂青砖、清水混凝土、花格砖墙等朴素材料,以砖的模数来界定外墙的竖向模数,形成立面上的有机韵律感和空间上的亲切庄重感。立面模数贯穿延伸至屋面采光顶,结合花格砖墙(背衬玻璃窗)的运用,带来丰富的空间体验。

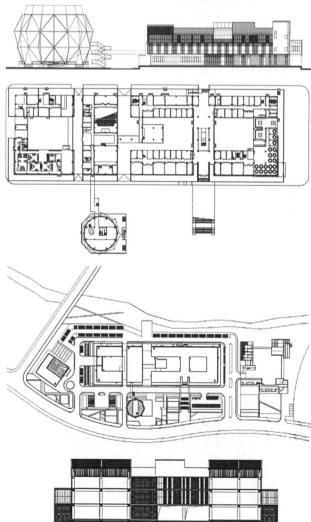

12 化学工业出版社办公楼
中国科学院北京建筑设计研究院

学习解读：

· 多层工业厂房的"改写""拼贴""重组"。

· 根据新的功能需求把原来空间进行叠置、穿插、联通，内部机能追随工艺美学逻辑。

· 工业化厂房意向"潜藏"继承，立面细节中尝试另类的工业化体系，工业语言演变出新的模数化格式。

· 灯芯绒混凝土预制板牵引出粗鲁的诗意，形成森林中的书屋，最大限度地引入室外公园的四季风景。

2.2.3 公寓和居住建筑

13 北京门头新村A地块
齐欣建筑设计咨询有限公司

学习解读：

· 挖掘地域文化特征，探索适于北京人居住的生活模式，不拘泥于已有的建筑形式。

· 先设计南北向主路，再设计东西向胡同，胡同间插入南北向步行通道，旁边配有几家合用的小绿地广场。

· 在房型上，前后两排房中拿出若干来二分为三或四，独栋变合院，街景产生虚实变化。

· 可充分享受山景，二层以上又堆出一道地坪，屋顶平台上设置星星点点的阁楼。

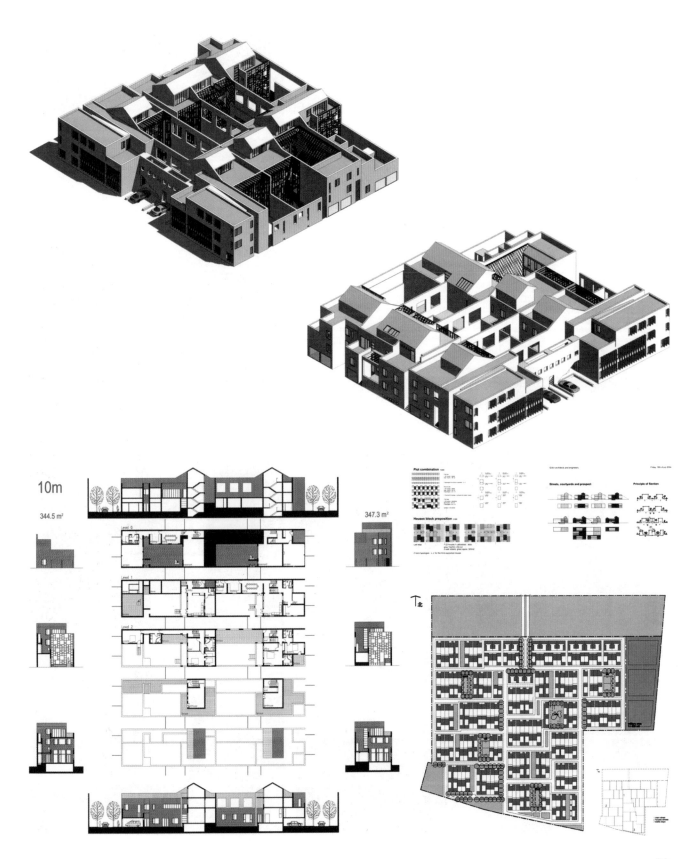

10m

344.5 m²

347.3 m²

14 青城山石头院
标准营造事务所

学习解读：

- 一个"空院"、三个"茶院"、一个"居院"组成了外观完整的房子。它由几个窄长院落很近地排在一起构成，每个院子略微转折且角度不同，形成不同的光影感受。空院的尽头有个很小的入口，从这里由窄变宽的空间把几个院落串在了一起。
- 各个"茶院"和"居院"都有两三个大小不等的天井，有些天井有玻璃，有些完全敞开，连续折叠内坡屋顶的流水经天井檐口落入院内的石头雨水槽。茶院没有明确的室内外之分。
- 利用本地的青石材料，结合传统建造方法，是对中国地域建筑"现代性"的积极探索。

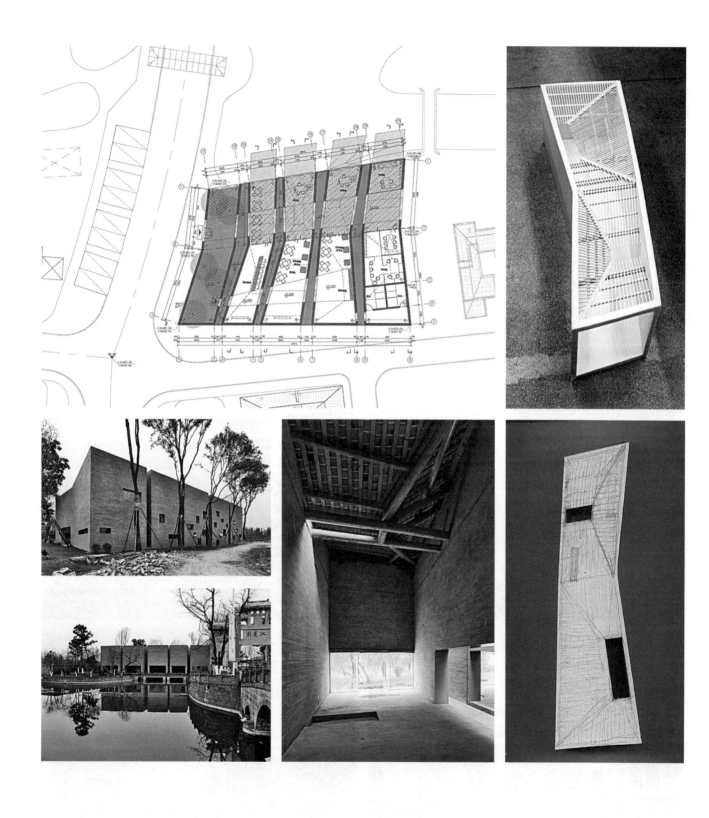

15 深圳万科第五园
北京市建筑设计研究院

学习解读：

· 提炼传统民居精神中的中国情结，用白话文写就传统：村、院、墙、素、冷、幽。

· 村落、牌坊标志物、街巷、小路、院落、商业街、池塘、小桥、村口场所表现。

· 前庭后院中天井的庭院别墅，其内向型空间聚气，具有私密性和领域感，促进了邻里交流。

· 塑造墙的形态，内墙开窗，外墙提供景观、遮阳和通风，二墙之间设置露台和灰空间。

· 黑白灰的节制与植物相映衬，形式遵从气候，采用地域特色的小院、架廊、挑檐、高墙、花窗、孔洞、缝隙，以遮阳通风，降低能耗。

· 庭院和景观中设置竹园，配置热带植物，采用障景、对景、框景手法，丰富了层次，营造出幽静的场所。

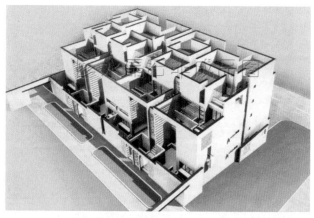

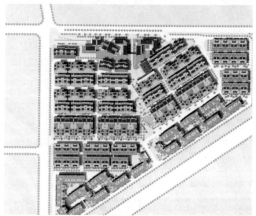

鸟瞰

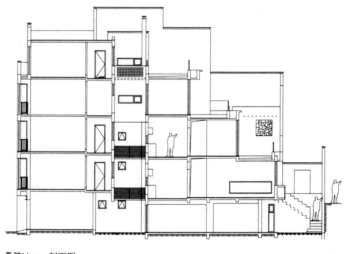
叠院House剖面图

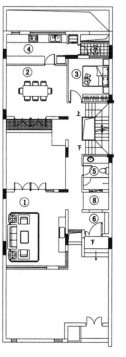
庭院别墅首层平面图

庭院别墅二层平面图

16 深圳蛇口半山公寓
都市实践建筑事务所

学习解读:

·基地为山地地形,设计内容为主题式酒店和酒店式公寓。

·总构思为"山外山,园中园"。运用中国的"山水"和"园林"表达一种生活哲学和对自然的向往。

·塑造全新的居住空间,将传统的居住模式与现代生活有机地结合。

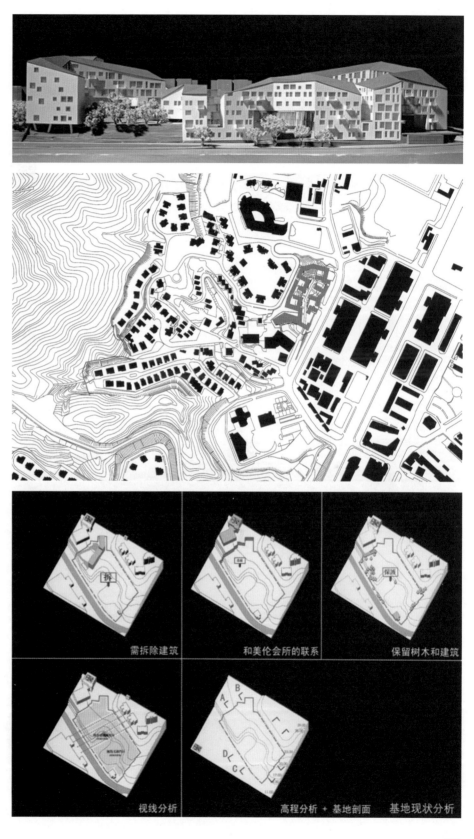

需拆除建筑　　　　　和美伦会所的联系　　　　保留树木和建筑

视线分析　　　　　高程分析 + 基地剖面　基地现状分析

17 沪上-生态家
上海现代建筑设计集团

学习解读：

· 上海世博会城市最佳实践区上海案例，师法自然，从传统民居中提炼，强化低技应用的可实施性与易推广性。

· 从城市固体废物中实现资源回用，综合风、光、影、绿、废等生态元素，进行构造与技术设施的一体化设计，展现绿色宜居生活的成果与发展趋势。

旧建筑物拆除

建筑废弃物回收

循环使用〔墙面〕　循环使用〔楼梯踏面〕

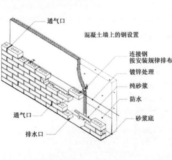

混凝土墙上的钢设置

通气口

连接钢
按安装规律排布
镀锌处理
纯砂浆
防水
砂浆底

通气口

排水口

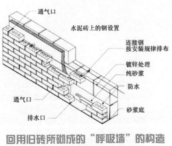

水泥砖上的钢设置

通气口

连接钢
按安装规律排布
镀锌处理
纯砂浆
防水
砂浆底

通气口

排水口

回用旧砖所砌成的"呼吸墙"的构造

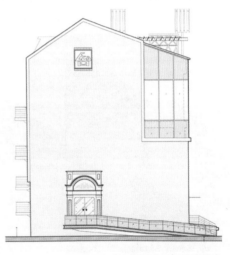

废 弃物再生利用示意

61

18 斯洛文尼亚的俄罗斯方块公寓
Ofis事务所

学习解读：

· 由于北侧有高速公路，阳台向安静的南侧倾斜了30°。

· 每户视线朝向自己的阳台，不会直视到别人家中，保证了私密性。

· 立面像俄罗斯方块，阳台外墙用三色木质板，竖向之字形排布。

· 阳台栏杆部分设置穿孔板。

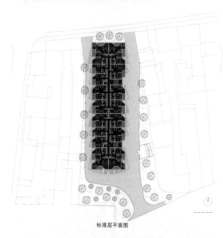

标准层平面图

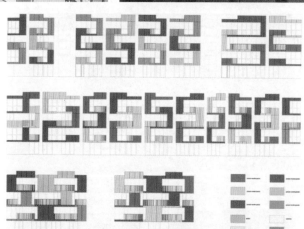

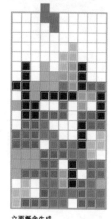

立面概念生成

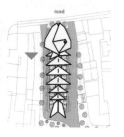

road

19 斯洛文尼亚 L 公寓
Dekleva Gregoric事务所

学习解读：

· 建筑分为3个垂直方向的有明显区别的体块，采用不同方向的坡屋顶。

· 立面凹进部分形成入口，公寓内部紧密，面向有存储空间的小阳台开放。

· 小阳台的位置在立面上的变化取决于公寓单元的设计，可以从卧室或起居室进入。

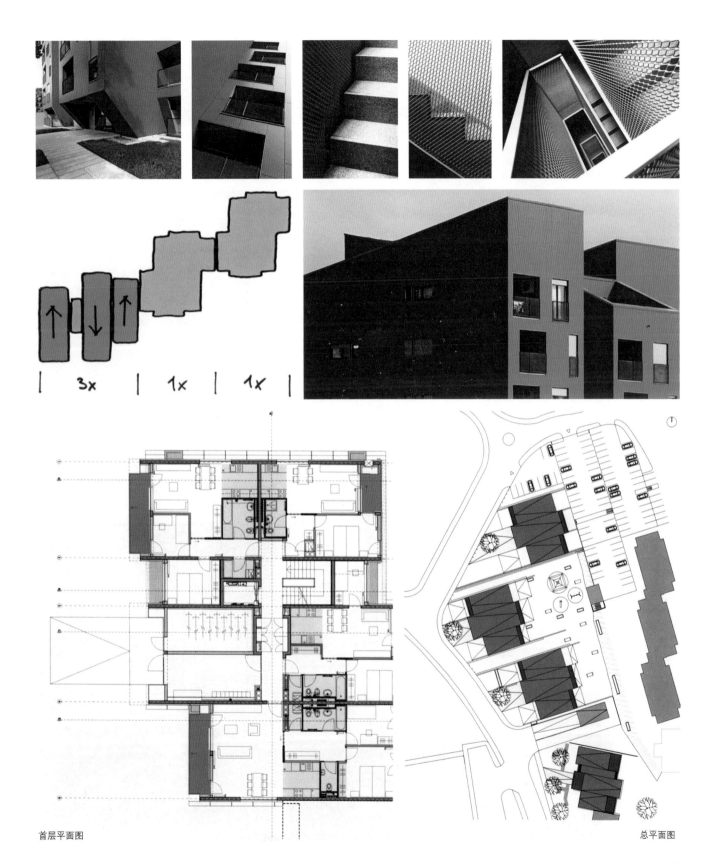

3x   1x   1x

首层平面图

总平面图

20 成都老城区商业楼
北京市建筑设计研究院

学习解读：

· 地处老城核心区，具有浓郁的人文特色，兼顾了娱乐和休闲行业的要求，是一座兼具历史性与现代性特色的商业建筑。设计化整为零，设置了六个平行于街道、垂直于河道的条形体量。体量间的缝隙成为天井，起到通风和采光作用。

· 院子的设计作为协调与组织空间的一条主线，三个独具特色的内院增加了建筑、入口与街道之间的空间层次，内院按照江南造园手法设计，小桥流水、曲径通幽，凸显文化特色。入口处的下沉庭院和内院向城市开放，减少了建筑对城市的压迫，与周围城市景观园林形成借景。

· 采用地方材料，突出建筑的地域性。竹子材料多重运用，立面装饰面材、庭院景观配置、室内空间中都大量运用竹的元素，凸显室内外的一体化。屋顶、外楼梯设计以及槽钢、竹木的装饰突出了建筑的轻盈、现代和地方风土民情。

南立面图 　　　　　　　　　　　　　　　　　　　　　东立面图

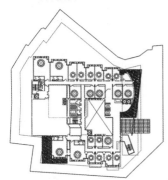

二层平面图

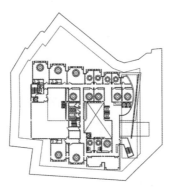

三层平面图

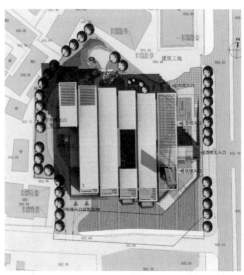

总平面图

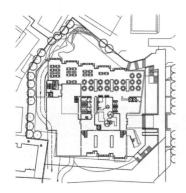

首层平面图

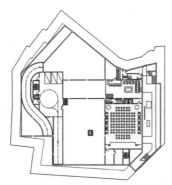

地下一层平面图

21 天津大悲院商业街
天津市建筑设计研究院

学习解读：

· 项目定位为历史、民俗文化中心，依托传统文化资
  源，开展旅游和商贸活动，并赋予其活跃的生命力。
  总平面格局和单体功能明确后，难点在于整合空间和
  建筑形象，使现代商业环境融入历史氛围之中。

· 设计主题是翰墨留香，取义中国文化精粹书、画、印。
  总体布局概念为文化烙印，一方印章立于新旧文化之
  间，形成中心对称、围合式的传统院落建筑群。中间
  两个"卍"字组团通过连廊贯穿，形成疏密有致的"街
  市"，创造出有文化气息的商业环境。外部弱化体量，
  将表皮形成一种过渡空间，形成内外环境对话。

· 内部利用深色铝合金装饰柱、大面积落地窗及不同的
  开窗形式、灰砖、钢构架、白色涂料等达到简洁和谐
  的整体效果和古典韵味，街道内景步移景异。外部建
  筑采用钢构架、铝合金、玻璃、仿木生态板、灰砖墙
  等材料，运用传统元素，使内外融合，通透玲珑，力
  求体现现代建筑的精神与技术的结合，中国文化精髓
  与建筑表皮建构浑然一体。

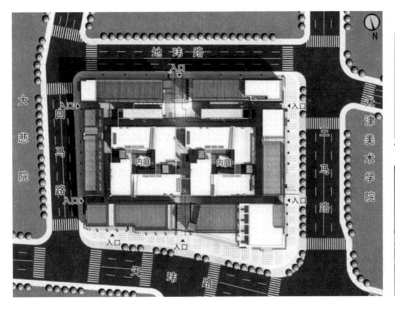

内街北组合立面图

东向沿街组合立面图

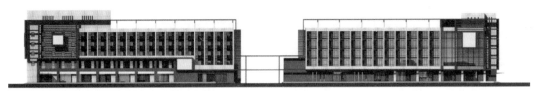

北向沿街组合立面图

南向沿街组合立面图

西向沿街组合立面图

内街东立面图

内街南组合立面图

内街西立面图

22 深圳星河购物公园
北京市建筑设计研究院

学习解读：

· 购物文化是城市居民最重要的休闲方式，商业公共空间是人们驻足最多，也是组织人流、营造景观的重要场所。

· 引入"购物+公园"的概念，公共空间开敞式设计，形成一个大面积的下沉休闲广场，各种商业围绕其周围布局。

· 优美的景观、充足的阳光和新鲜的空气，宽阔的楼梯、错落的室外平台和连廊形成能够进行多种推介、演艺、展示活动的"场"。

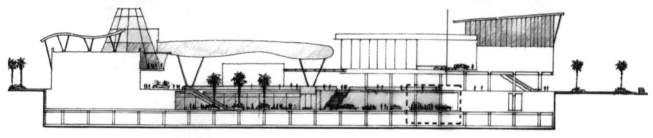

2.2.5　博物馆建筑

23　五女山高句丽遗址博物馆
中国建筑设计研究院

学习解读：

· 博物馆位于世界文化遗产五女山脚下，掩映在树丛当中，依附山体，叠合而上，内部空间的扭转带动了建筑形体的变化。

· 外部模拟王城遗址而采用的石块筑墙也延续到展厅内部，形体之间扯开缝隙若干，让自然光景渗入室内，试图强调时空的转换，让古老的传说复苏，与今人产生情感交流。

· 建筑利用了本土材料和当地营建技术。

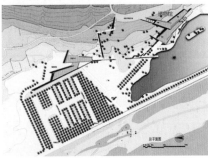

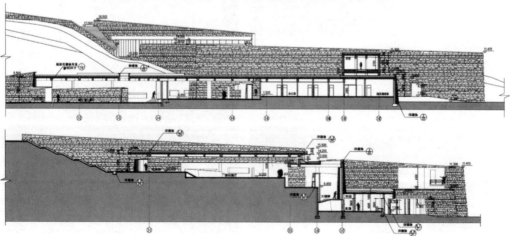

24 天津大沽口炮台遗址博物馆
中国建筑设计研究院

学习解读:

· 博物馆的精神性是设计的核心,通过多种手法营造一种氛围,强调建筑和环境对人心灵的影响。借用蒙太奇手法,将场地中见证历史片段的场景纳入建筑中,呈现出一条清晰的流线,以了解历史往事,通过精神感召远离城市喧嚣,从灵魂深处唤醒对那段历史的记忆。

· 建筑从大地中生长出来,永恒如同炮台一样,成为苍茫大地的一部分,一层为主的建筑水平展开,烘托出炮台的气势。细碎的卵石、锈迹斑驳的铁板使建筑很好地与环境融合在一起,表达了历史感和时空的穿越。

· 室内空间的展示内容与空间性格相统一,不同主题的内容分别表达为平静、扭曲、灰暗、局促、开阔等性格特征的空间。为强化身临其境的氛围感受,借助视角大于60°的多媒体演示和大型图片展示,并利用光线来突出空间的精神性质,如展厅中表达历史长河的静静矗立的炮台影像、将士祭奠堂的天顶灵光等。

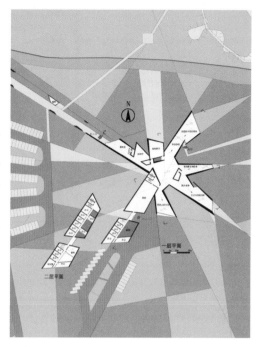

25 北京房山世界地质公园博物馆
北京市建筑设计研究院

学习解读：

· 博物馆的核心是展示内容与流线相吻合的空间，如何让展示内容有条不紊地展开是功能研究的主线。

· 用山川沟壑的形成演绎建筑体量创意，以多次抬升的造山运动解释形态的变化，以溪流峡谷比喻虚实相生的建筑空间。

· 用本地材料表现地域文脉，以当地特有的、价廉的青石板作为装饰材料，既反映了质朴的性格，又体现了建筑的视觉冲击力。

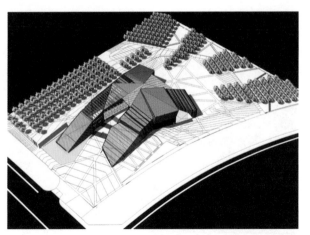

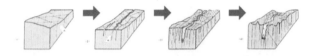
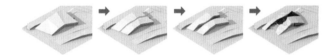

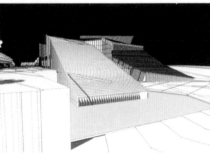
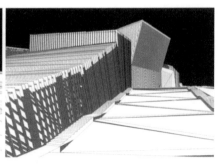

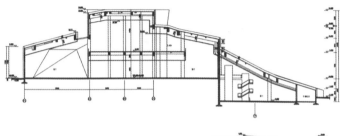

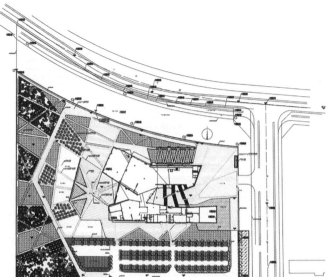

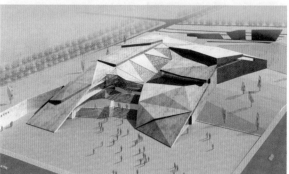

26 德国斯图加特的奔驰博物馆
联合网络工作室

学习解读：

· 建筑的结构和内容紧密结合，建筑像一部传奇中的汽车，其独特的构造仿佛一个收藏品的陈列柜。

· 建筑结构平面呈三叶形，几何形的建筑表现出汽车奔驰的动感，并与周围的建筑场所相呼应。

· 建筑反映出时代最好的质量，表现出奔驰公司的综合价值：技术先进、智能化、时尚化、既兴奋又舒适的体验。

· 建筑周边两条坡道连续相互交叉，如同DNA螺旋体，便于随时更换参观路线，坡道与展区平台（每片叶子）之间设有人行桥，参观路线与各种空间形式的穿行激动人心。

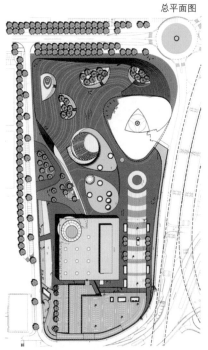

总平面图

三叶形结构采用混凝土构件,传奇厅坡道和螺旋大梁之间的楼面采用钢跨杆架

设计研究模型:测量体积的设计模型用于测试所有设计内容

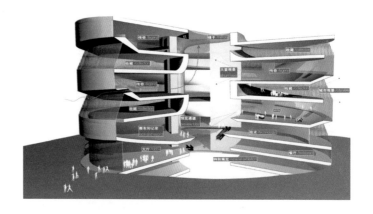

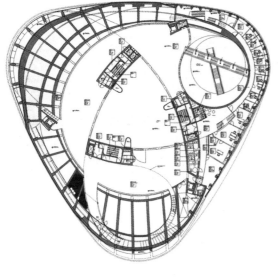
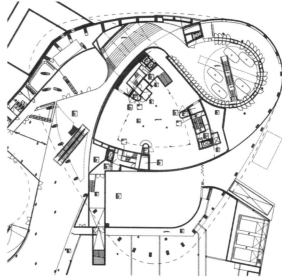

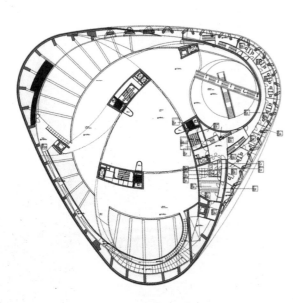
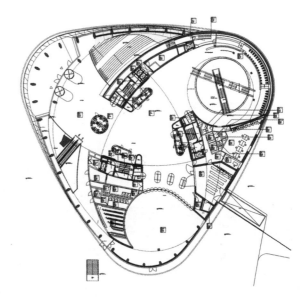

2

优秀作品的学习与方法总结

27 四川建川博物馆战俘馆

中联·程泰宁建筑设计研究院

学习解读：

· 了解曾经在战争中英勇奋战、之后成为战俘的人们心灵和身体遭受的摧残和凌辱的生活经历，作为创作的意向源泉。建筑虽然局部破损，但仍保持完整的形体和尖锐的棱角，富于张力的褶皱肌理勾勒出建筑的整体构架。清水混凝土粗糙的墙面隐喻战俘的灰色人生，暗红色顶部象征曾经遭受的苦难和那颗坚贞流血的内心。

· 意境的营造。调动一切有形和无形的手段，营造更具感染力的意境和氛围。方形平面分为不规则的两部分，一实一虚。实为展厅，虚为水院，其间以有墙无顶的放风院作为过渡。

· 展馆口为高墙夹峙的曲折通道，形成沉重压抑的环境。展室是一个迂回曲折的、连续的空间序列，与建筑形体断裂和扭曲的肌理一致。放风院是面积不到100 m²、设有12 m高墙的空间，水院是离开战俘馆前的回味思考场所。

· 在这个连续、封闭的空间序列中，只在窄小的天井和高高的放风院墙上开了很小的洞口，营造出压抑、神秘的氛围，引发无尽的想象空间。

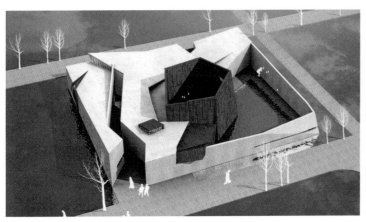

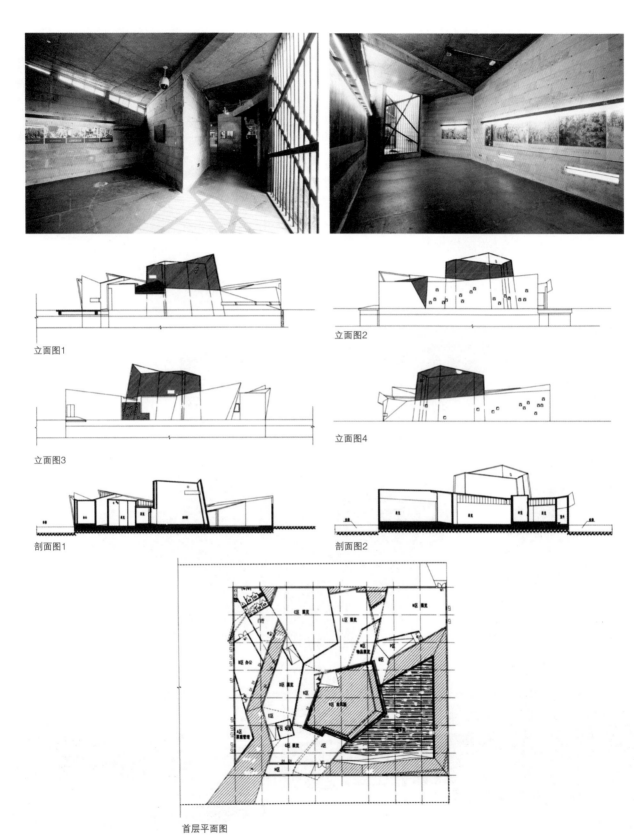

立面图1

立面图2

立面图3

立面图4

剖面图1

剖面图2

首层平面图

28 中国电影博物馆
RTKL公司+北京市建筑设计研究院

学习解读:

· 以中国电影艺术成就为主题,集博览展示、礼仪娱乐功能为一体的国际化电影文化中心。

· 以周围场地环境及电影艺术特征作为设计的出发点和切入点。

· 借助大众化的通俗意向和非常规的设计元素,融合建筑与电影经历,将参观者带入特殊的体验之中。

· 借电影特定的主题,表达了对于艺术与娱乐、虚拟与现实、大众文化与严肃作品等问题的思考。

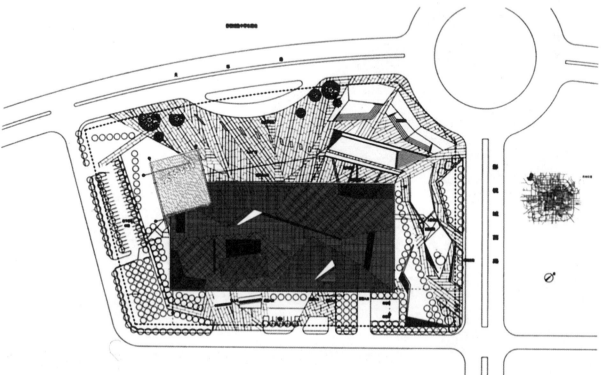

2　优秀作品的学习与方法总结

85

29 首都博物馆新馆
法国AREP建筑设计公司+中国建筑设计研究院

学习解读：

· 体现首都作为政治、文化和国际交流中心的地位；反映古都的悠久历史和灿烂文化；展示时代特色和科技进步；尊古厚今，形成独特的旅游、文化、休闲和教育场所。

· 简洁的矩形平面与北京城市格局相谐调，非对称的形体呼应街角空间。青铜、木材、陶砖等传统材料代表老北京的历史，先进的建造技术则体现了北京现代与未来的发展。

· 打破了传统博物馆空间封闭沉闷的感觉，为市民营造开放、温馨、明亮的文化休闲环境。屋顶太阳能电池板、虹吸式排雨水系统、大型钢屋盖及金属吊顶、园林微灌技术、先进的消防系统、智能化系统等全面提高了新首都博物馆的科技含量。

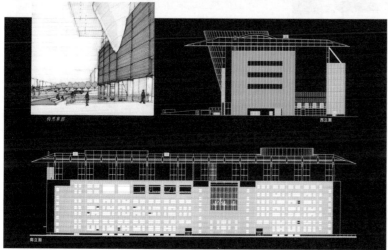

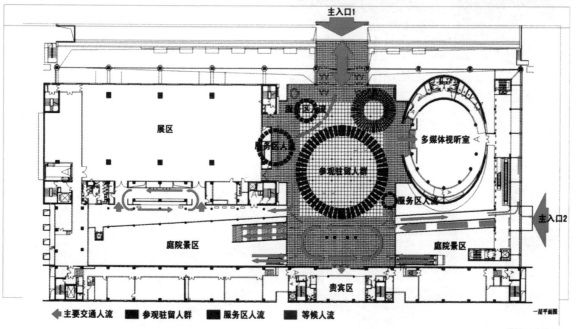

一层平面流线图

30 苏州博物馆
贝氏建筑设计事务所

学习解读：

· 从整合吴文化种种精神符号入手，在历史与美学、新与旧之间建立一种整体比照和联系：总体庭院布局与四周的古城保持相似的格局，空间四合院与园林庭院交融。

· 立面类型延续苏州传统民居灰瓦白墙的形式，要素层次、建筑材料、细部结构运用现代新技术，墙、窗、坡顶等则是传统要素新的组合，园林、建筑、水景三位一体整体处理，达到空灵淡泊的意境。

· 基本的建筑元素被赋予新的内涵，凝结成一种新的建筑语言形式，蕴含着现代建筑的前瞻性内容，以期为中国现代建筑的未来发展指明方向。

· 结合江南传统建筑风格，把博物馆置于院落之间，采用亭、桥、廊等建筑形式和现代平面构成式写意的山水造景手法。

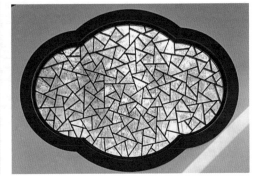

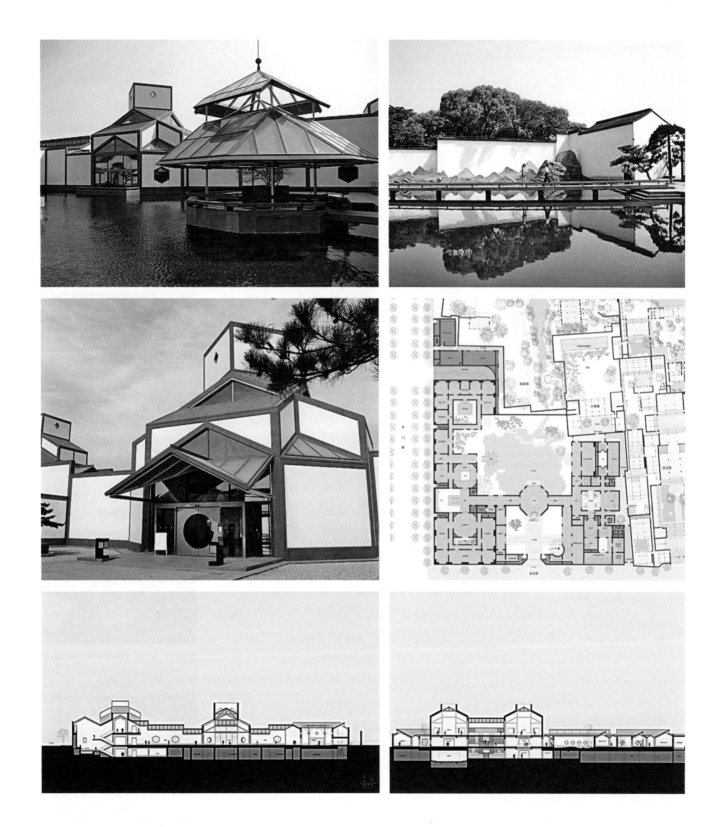

31 中国科学技术馆
RTKL国际有限公司+北京市建筑设计研究院

学习解读:

· 建筑设计理念创新，建筑管理模式求新，科技含量丰富的建筑节能新技术大量运用，拓展表现在硬件和软件上。中国科技馆新馆也由过去的以展览为主，走向了集常设展览、教育和科研为一体。在设计原则上更重视人的活动，这是建筑空间生成的根本依据，其目的是使该建筑不仅是限定城市领域的一个实体，还是城市生活的一个场所和载体，并能带动和激活周边地区的发展。

· 建筑立面的"拼图单元"正面采用连续的白色波形金属板，侧面为绿色反射玻璃与不锈钢板的组合，波形金属板采用不同的排列角度，随着日光照射角度的不断变化，每块波形板的阴影也随之改变，立面呈现出明暗变幻的立体图景，整个建筑犹如一个披着变幻迷彩的魔方。高28m的中央大厅从二楼直接挑空到顶层，位于二、三、四层的各个展厅都环绕在中央大厅周围。大厅的屋顶由一块块的拼图结构组成，天窗也做成了拼图形状，阳光从这些"拼图"中洒入大厅，科幻意味十足。大厅周围走廊的窗户也都采用大块的拼图结构，这些方块既像中国的魔方，也像经典的电子游戏——俄罗斯方块。

· 在追求建筑美观、实用与舒适的同时，还特别注重建筑的节能环保。建筑还采用了雨水收集与利用系统、中水利用系统、冰蓄冷系统，并局部安装了太阳能发电系统、风力发电系统、光导照明系统，极力倡导节能环保理念。计算机网络系统、通讯与信息系统、数字会议系统也在中国科技馆新馆中得到了充分利用。

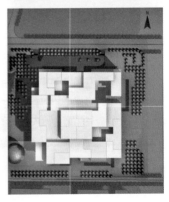

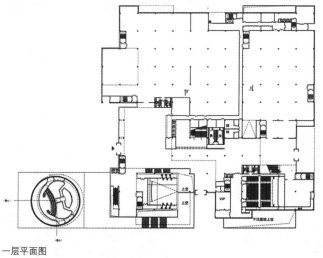

一层平面图

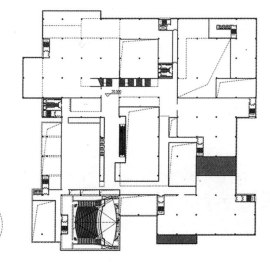

三层平面图

32 北京市新少年宫
北京市建筑设计研究院

学习解读：

· 采用充满动感、生机勃勃的五瓣花和具有生长感的树枝状曲线造型，简单、活泼、可爱的形象强调了"知识和艺术殿堂"的概念，以激发孩子们的创造热情。

· 平面五瓣花式布局，每个教学活动单元相对独立，由中厅连接，形成多个室外空间，大厅中4个直通室外的大玻璃圆筒直接引入阳光，种植树木，创造了良好环境。

· 建筑西侧的下沉式庭院设置台阶式看台作为露天表演空间，立体的绿化植被系统与周围植物园浑然一体。

· 为适应其有机形式，建筑采用了树枝状空间异形剪力墙结构体系。

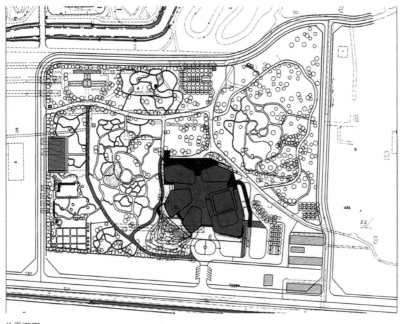

总平面图

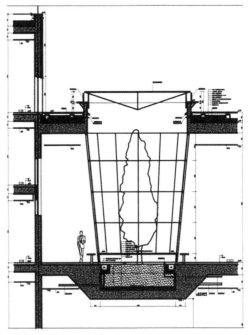

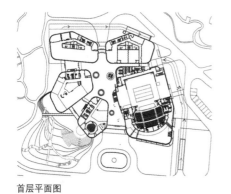

首层平面图

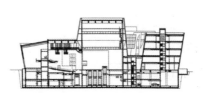

三层平面图

单体平面布置图

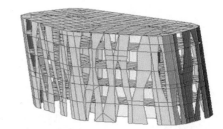

空间异形剪力墙结构示意图

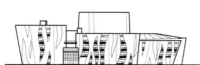

南立面图

I-I剖面图

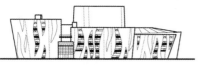

西立面图

室内玻璃筒大样

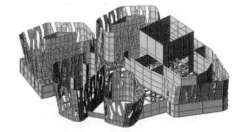

MIDAS整体分析模型图

2.2.7 艺术馆建筑

33 合肥赖少其艺术馆
北京市建筑设计研究院

学习解读:

·基于艺术家的生平历程,发掘建筑语言的精神意义:中国版画、新徽派、顽强精神。

·艺术家将自己画室命名为石木斋,建筑以"石木一堂"为设计主题,分为主馆和副馆。

·功能空间和非功能空间相区分,空间过渡二元共生,外装为石材和木材对比。

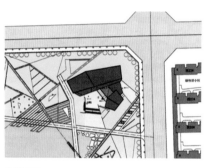

总平面图

东立面图

南立面图

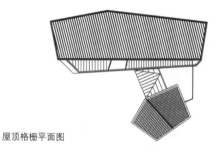

屋顶格栅平面图

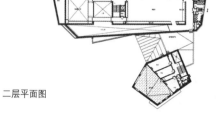

二层平面图

剖面图1

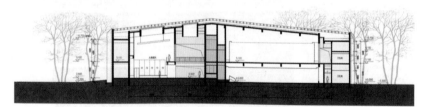

剖面图2

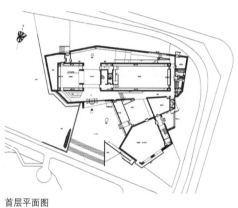

首层平面图

34 北京韩美林艺术馆
中国建筑设计研究院

学习解读：

· 建筑周边设置下沉式水院，将建筑突出地面高度降低，与旁边戏楼保持接近，保持良好的建筑尺度感。

· 书法和建筑的结合成为设计线索，"美"字作为艺术馆的平面图案原型，"美"字既是艺术家名字中的一字，又可理解为艺术之美，兼具写实与抽象的双重特性。"美"字平面布局可将大体量建筑化解为若干小体量盒子，小盒子与戏楼尺度接近，赋予建筑强烈的体块感，形体简洁、平和而内敛。

· 外墙清水混凝土朴素自然，灰色调与戏楼一致。穿插的红色吊桥和红色金属格栅来自传统建筑中的色彩。如果把整个公园看做一幅山水画，建筑则为作画完毕的一枚印章。

· 展厅之间相对独立，通过中庭空间的坡道和桥将不同标高的两部分展厅连接起来。特定的参观路线将空间、展品、流线三者巧妙结合起来，将建筑与艺术家的创作特点和作品结合起来。

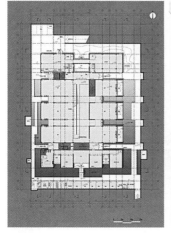

-4.000标高平面图

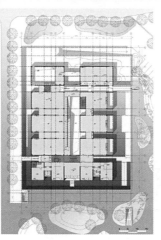

2.000标高平面图

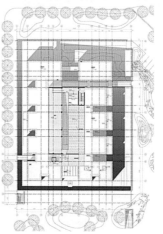

8.000标高平面图

总平面图

35 凉山民族文化艺术中心
中国建筑设计研究院

学习解读：

· 探索地域文化，保护生态环境，激发城市活力，绿坡竹林和花丛植被构成城市公园。

· 体魄从旷野中隆起，向凉山群峰致敬，广场碧水倒影西昌明月。

· 中央门廊朝向日出，彝族美丽纹饰抽象成花墙符号。

· 彝族火把节需要圆形广场，白玉石阶的植草屋面扇面铺开，形成看台。

· 铜制火焰、石砌火炬和旋转火云体现了彝族的火文化。

· 天象、年历、节气、神秘字符等体现在广场和柱阵的设计中。

· 建筑的色彩主体提炼于女性的服饰文化，雕塑和柱列梁架表现了男性的彪悍矫捷。

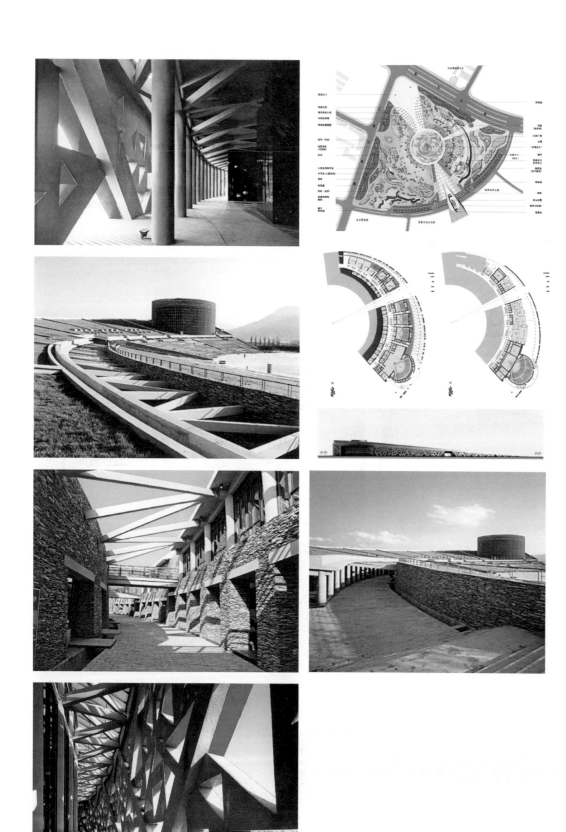

36 阿布扎比艺术馆
朱锫建筑师事务所

学习解读:

· 利用地理位置和气候特点,营造丰富的公共空间。

· 在新艺术街区与运河之间建立一个动态的充满活力的纽带。

· 炎热的沙漠中,极具动态雕塑感的房子漂浮悬空,产生最大的阴影清凉空间。

· 导向性坡道把人从水岸带到折面变化的露天屋顶,可享受阳光,观看表演。

· 交流空间与展示空间多维化,其光影变化带来视野层次的穿越。

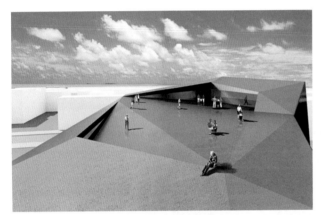 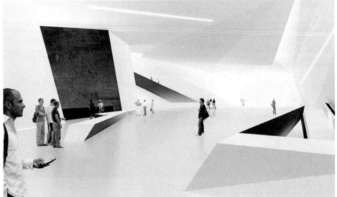

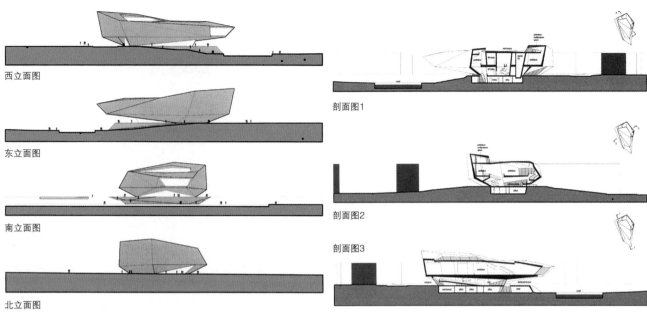

西立面图

东立面图

南立面图

北立面图

剖面图1

剖面图2

剖面图3

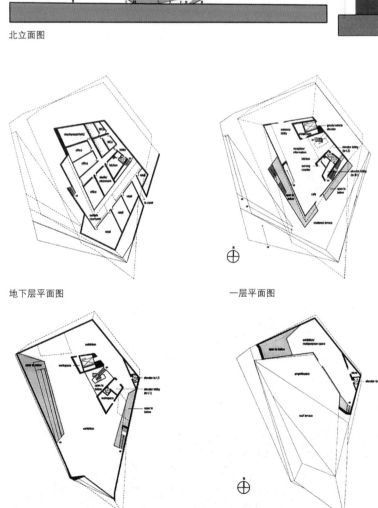

地下层平面图

一层平面图

二层平面图

夹层平面图

37 大连海中国美术馆
都市实践建筑事务所

学习解读：

· 建筑屈从于风景，实现了古代中国山水画的和谐意境。建筑变成地景，是由沙滩上一片木平台演绎而来的假山。

· 在平行于海的方向上，木平台经由撕裂、褶皱、隆起、折叠等一系列构筑手段，形成一个有容积的遮蔽物，在垂直于海的方向上则形成观海界面，造就了有使用价值的空间。

· 建筑的屋面和场地衔接，形成了一个连续的整体，体验建筑和体验场地贯穿为一体，实现了用场景来促销的意图。

38 深圳大芬美术馆
都市实践建筑事务所

学习解读:

· 对村落油画产业与庸俗文化商业基地的整理与调和,使自发的生活形态得以延续发展。

· 美术馆与村落相结合,项目介入促成艺术介入,对周边城市机理进行调整。

· 形成日常生活、艺术活动、商业设施混合型文化产业基地,不同功用的空间混合成整体。

· 步道穿越建筑物,不同的功能在视觉和空间上渗透,形成交流。

· 不同活动同时发生在建筑的不同部位,诱发编织出崭新的城市聚落形式。

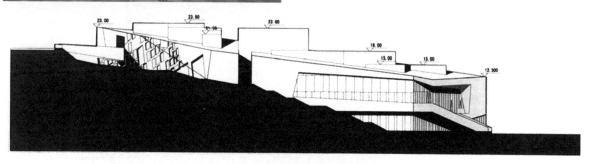
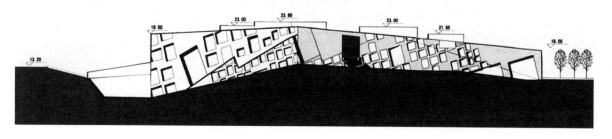

39　北京师范大学珠海校区教学楼
北京东方华太建筑设计工程有限责任公司

学习解读：

· 设计体现了名校的百年文化底蕴，具有北方大学的特征。建筑置于群山之中，形如磐石根植于大地，具有足够的气势和尺度，庄严沉稳的气质，同时还考虑了南方的日照通风因素。

· 形象上采用"雕"的手法，大面积实墙和大的开洞形成透空雕塑感。教室分组设置，玻璃通廊连接，具有丰富的变化。公共区的大柱廊、开放的园林、内外共融的公共区环境处理，使建筑具有现代、开放的特点。

· 利用砂纹肌理的石材作为主要空间饰面材料，具有不饰雕琢的性格，与青山绿水的环境自然天成、融洽共生。

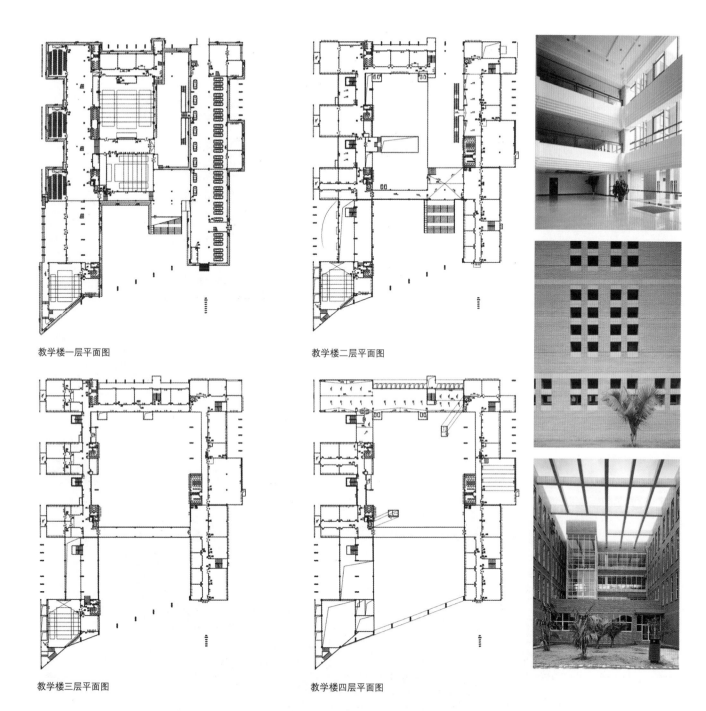

教学楼一层平面图

教学楼二层平面图

教学楼三层平面图

教学楼四层平面图

40 南开大学MBA中心大厦
天津华汇工程建筑设计有限公司

学习解读：

· 功能满足业主使用要求，材料适应造价控制要求，形式符合地域环境要求。

· 下面一个"灰台子"，上面放两个"白盒子"，白盒子里面是"红笼子"，红笼子后面是"灰算子"。白盒子限定空间，红笼子容纳大教室，形体空间与功能组织、材质搭配紧密结合。

· 屋顶花园设置竹子和水景，以简单的语言表达了朴实的建筑形象。

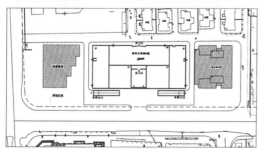
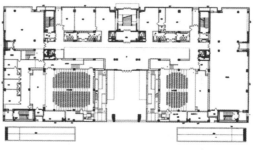
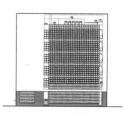

总平面图　　　　　　　　　　　　　首层平面图　　　　　　　　　　　　　北立面图

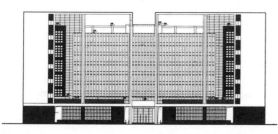

西立面图　　　　　　　　　　　　　剖面图

41 中科院研究生院教学楼
中国科学院北京建筑设计研究院

学习解读：

· 教学楼为三个单元串联的组织结构，教学单元的逻辑性源于现有场地的秩序，新旧建筑之间所产生的内在联系不是简单的对位关系，而是教学单元可弹性生长的逻辑。

· 教学楼中合班教室和单班教室两种不同类型并置，南侧四层5.4m高的合班教室与北侧六层3.6m高的单班教室通过内庭过渡与联系，形成有趣的场所空间。

· 将校园经典的红砖语言做了强化式的应用，形成新三段式的建筑风格，隐约可见的格栅窗形成厚重的基座，建筑表面机理是以红砖语汇为前提进行的限制性思考和整体式设计。

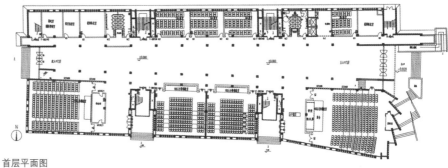

首层平面图

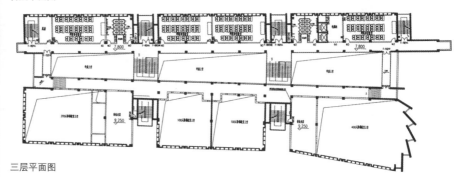

三层平面图

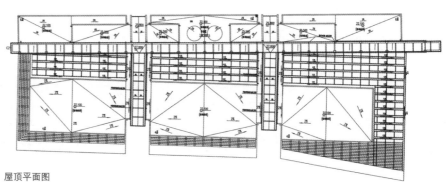

屋顶平面图

42 北京大学国际关系学院
北京市建筑设计研究院

学习解读：

· 北大校园的重要特征：① 拥有复合迷人的校园环境，它能够承载功能的、社会的、生态的、文化的和心理的需求；② 它的环境尺度、空间尺度和建筑尺度造就了精致而有趣的多层次场所；③ 它的建筑色彩统一中富于变化；④ 它特有的人文气息和动态需求促成了不同时期的建筑之间、人与环境之间谐调依存的和谐关系。

· 项目体现了对现有自然条件的利用和对燕园风景保护区植被树木的吸收和利用。总平面布局中，建筑退让形成绿化内院，大树与建筑空间融合，尺度宜人，创造出良好的人文环境和精神场所。建筑物与周围环境对景和呼应，创造出丰富的街景立面。

· 外观采用灰白色系，以朴素风格营建学院气氛，入口处玻璃、矮石墙、柱廊、灰砖的处理给人以生动、雅致、自然的印象。

· 教学楼表现出现代、灵动、穿插于环境之中的感觉。立面设计不注重定格的画面效果，而是追求行进中的变化，期望人们感受到内外空间的流动。在功能布局方面，不同用途的房间具有与之相配合的环境空间，最大限度地满足了使用者的行为模式。

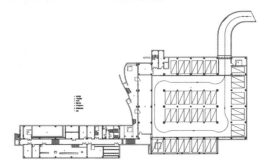

地下一层平面图

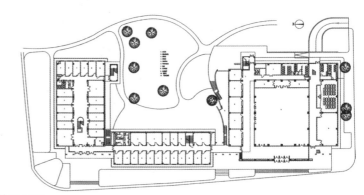

首层平面图

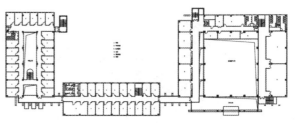

二层平面图

43 广东工业实训中心
华南理工大学建筑设计研究院

学习解读：

· 采用由城市公共空间切入建筑设计的方法，建筑平面及形体
　与三角形用地紧密结合，尽力寻求建筑与城市空间的和谐共
　存，以延续城市机理与形象。

· 体现高科技形态的立面素材：开窗机理，方点与方格构图，
　入口流动雨篷。

· 西面层层退台，设置空中庭院，塑造了凹凸与扭曲的形体。

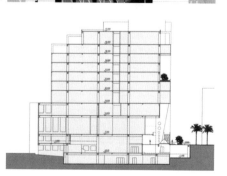

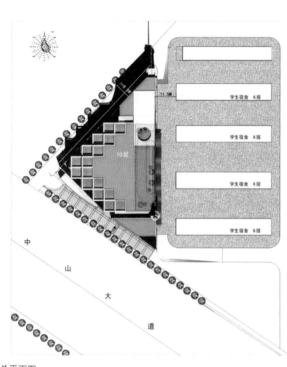

总平面图

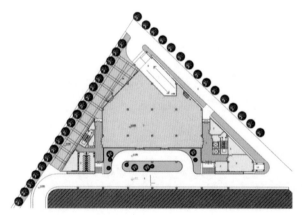

首层平面图

二层平面图

三层平面图

四层平面图

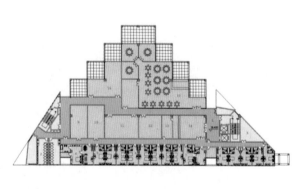

九层平面图

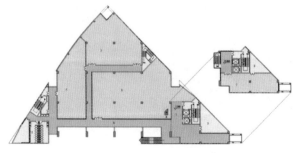

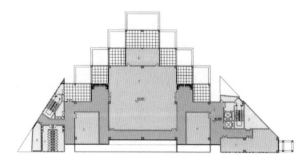

十层平面图

44 舟山市教育学院
上海现代建筑设计有限公司

学习解读：

- 以传统的规划设计布局方式，将中国画散点透视的特点运用其中。园林式布局铸就"书院"围合的空间氛围。建筑空间尺度宜人，从开放到封闭，由公共到私密，由动到静，空间序列层层递进。空间处理常利用穿插、渗透来表现空间的层次感。
- 采用现代中式建筑风格，对传统建筑加以分析提炼，将传统的装饰语汇加以符号化和抽象化，使之符合现代人的审美观念，使环境既古朴典雅，又不失时代感。
- 采用现代的材料、技术和工艺建造。以玻璃的通透、轻盈提升空间的意境，以传统构件在现代语境中的提炼运用来创造亲切宜人的空间。

45 天津大学冯骥才文学艺术研究院
天津华汇工程建筑设计有限公司

学习解读:

· 60m见方的合院，房子斜插进去，四面高墙围合，形成不同
尺度的中国合院。

· 写意手法营造出一种东方书院的意境，水池、小亭、青砖、
瓦片、木板路，保留树木。

· 院子内外自由穿越，高墙上大小不同的方洞交织内外景物，
建筑与院子具有强烈的透视感。

· 空间氛围的营造：欲扬先抑、曲径通幽的空间变幻，室内外
空间对景，室内开窗对入射光线的塑造。

· 朴素真实的材料凿毛混凝土，最大限度地利用国内现阶段的
材料和工艺水平，以降低造价。

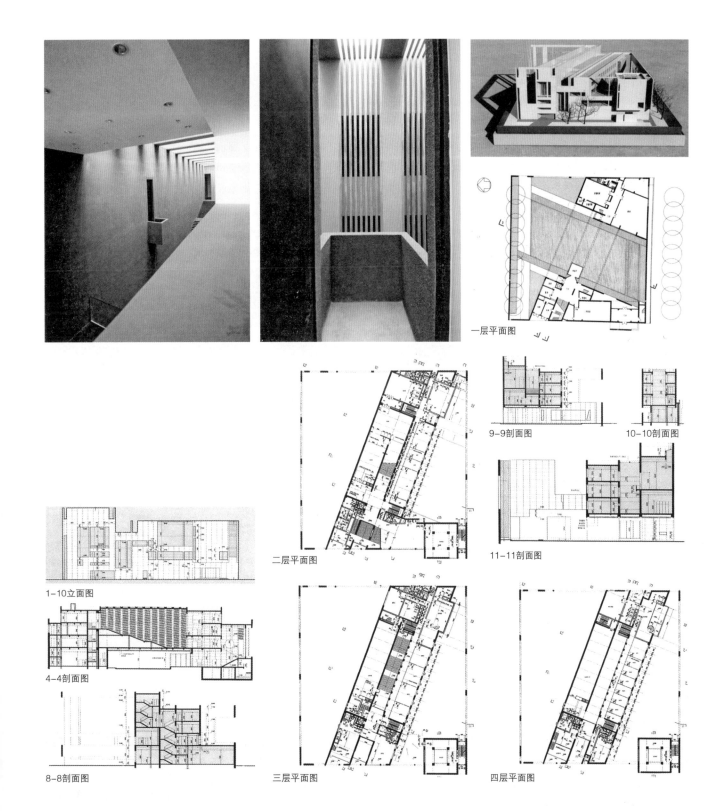

一层平面图

9-9剖面图　　　　　10-10剖面图

11-11剖面图

1-10立面图

4-4剖面图

8-8剖面图

二层平面图

三层平面图

四层平面图

46 清华大学美术学院教学楼
美国帕金斯威尔建筑设计事务所+北京市建筑设计研究院

学习解读：

· 设计追求功能内在的逻辑性和空间组织的秩序性，在理性原则的控制下展示功能与空间的完美结合。建筑外表沉静朴素，内向空间具有较好的景观，提供了多种人性化尺度的舒适的空间感受。建筑师根据建筑不同的功能营造出不同的空间体验和氛围。自然光源的介入，强化了空间在水平向和垂直向流动的方向性，让整个空间元素及其组织结构变得清晰和便于感知。

· 内部空间的处理上，力求做到内部空间反映功能的要求，并将其处理成展示各种艺术品和艺术创作活动的展台，使其成为背景，而不是主角，为学生与参观者提供一个感受艺术教育和创作过程的环境。

· 主入口雨篷设计成调色板样式，大厅无柱空间可灵活布置。管理区与图书馆部分的中庭空间与顶光设计、侧顶光设计、素描大厅、教授工作室小沙龙、天光走廊、天光教室等都体现了空间的特色。

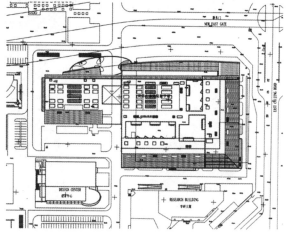

总平面图

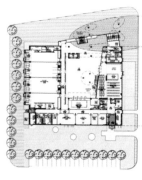
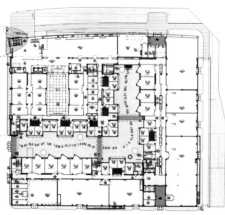

首层平面图

2　优秀作品的学习与方法总结

标准层平面图

121

47 中国美术学院校园整体改造工程
北京市建筑设计研究院

学习解读：

· 以开放、架空、复合构成的建筑群为主体，以空间交通组织将核心建筑与周围建筑联系起来，使整个校园具有复合、多义的空间属性，形成互逆、互补、互通的相关空间共享格局。

· 将校园意蕴与文化经典编织到设计之中，将历史文化积淀和现代艺术氛围融合于变幻的景象之中，突出强调以教书育人为崇高意念表征的学院建筑应有的力度感。

· 多层次、开敞通透的文化广场缘于传统建筑文化和江南地区建筑的内在特质，规划水景与青砖黛瓦的建筑环境和景色秀美的湖山形态取得平衡谐调。

· 建筑比例尺度、材料搭配、檐部开窗、色彩推敲等体现了人文积淀和历史厚重感。

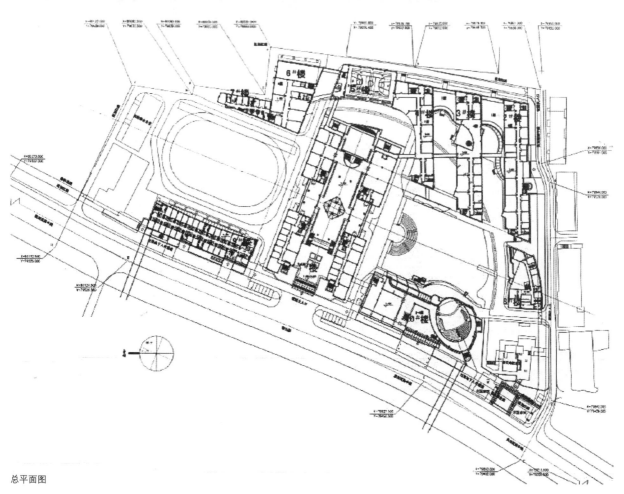

总平面图

48 武汉市艺术学校
北京市建筑设计研究院

学习解读：

· 校园总体风格寄托了中国传统文化建筑的写意情节：不求建筑形象的繁冗，但求富有节制的黑白灰之间的美。

· 绿色节能生态理念首先体现在校园总体规划布局中建筑空间的走向和形态上，使之能够与武汉本地区的气候特征相适应。此外还体现在校园的立体空间与环境设计，架空空间与多样化公共空间，立体景观与借景空间，对水环境充分利用。

· 粗粮细作的设计思想。以朴实而富有节制的建筑风格来表达艺术学校的性格气质，清水混凝土的使用以建筑造型上的几何学秩序为依托，赋予一种朴素和人性化的表达。

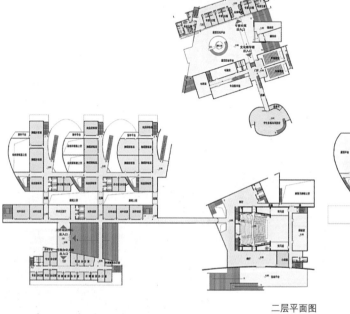
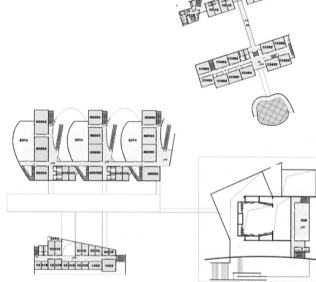

二层平面图

三层平面图

49 四川美术学院新校区设计艺术馆
家琨建筑工作室

学习解读：

· 艺术馆位于小山顶，以重庆特有的山城聚落和近代重工业建筑历史文脉作为形态依据，既延续了地方特色，同时具有仓储、车间等当代建筑空间的艺术时尚性。

· 七栋楼的楼群中，三个端部分别采用拱顶、坡顶、V形顶，具有工业建筑形态的意味，中间四栋形体各有变化，天际线轮廓丰富，屋顶成为师生休憩活动的场所。

· 建筑首层裙房顺地形作跌落处理，形成几级绿化平台，平台天井形成内向型绿化空间，建筑东西实墙面上线性室外楼梯成为立体的景观路径。

· 清水页岩砖、清水混凝土、素面抹灰为主要建造材料，形象统一。各楼分别配以多孔空心砖、镀锌铁板、水泥波纹板、陶砖、水泥遮阳板等廉价而有特色的材料，形成单体建筑的个性特征。

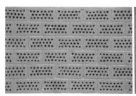

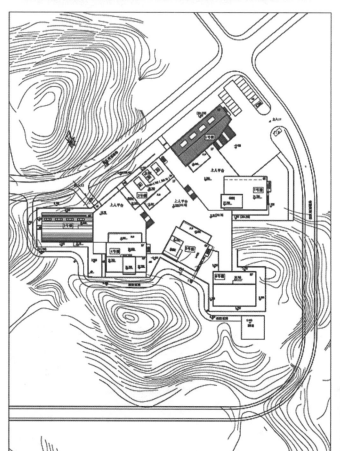

总平面图

50 中国美术学院象山校区
业余建筑工作室+中国美术学院建筑营造研究中心

学习解读：

· 以象山作为重要的观看与思考对象。建筑不仅在空间上和自然融合，而且在时间上产生一种超越地理限制的"遥远"感觉，代表了最具沉思状态的诗意。新的校园建筑被布置在地块的外边界，与山体的延伸方向相同，与这一地区的传统城市平面更加相似。在建筑与山体之间留出大片空地，保留了原有的农地、河流与鱼塘。总平面上每栋建筑都自然"摆动"，与中国的书法相似，体现出建筑对象山的蜿蜒起伏的敏感反应。如同书法，这个过程不能有任何中断，才能做到与象山的自然状态最大可能的相符。这里的每个建筑都如同一个中国字，它们都呈现出面对山的方向性，而字与字之间的空白同样重要，是在暂时中断时一次又一次回望那座山的位置。

· 中国南方的诗意体现为3种基本方式：① 以与当地的自然山水结构融合的疏密去布置总体建筑格局；② 重整地形，建筑与地形的区别被模糊，以地形、水体、植物与建筑间隔重复的方式，建筑群呈现出以层次为主的状态，让人曲折进入；③ 一系列有诗意的小场所，以书法书写的节奏，在行进中突然出现，在曲折反复中再次出现。

· 建筑取材：①"山房"类型，取材自杭州灵隐寺前的千佛岩，一种岩壁佛窟类型。建筑师认为岩壁佛窟中的每个佛像都曾是一位伟大教师，这种处于自然与城市交界处的讲学场所就是亚洲最本质的大学建筑原型。②"水房"，建筑呈中国南方微波起伏的缓慢水体状态。关键在于，这些类型提供了建筑内外甚至所有屋顶之上的多种讲学漫步场所，让人体会到不同的光线、气流与温度。③ 最接近城市建筑的"合院"，基本原则是每个建筑内包含3个以上的小院落，是特别适合几个人饮着绿茶安静交流的地方，但它平缓的斜屋顶仍然可以散步、讲学。

· 大量使用便宜的回收旧砖瓦，并充分利用手工建造方式，将这一地区特有的多种尺寸旧砖的混合砌筑传统和现代建造工艺结合，形成一种可有效隔热的厚墙体系。屋顶选用一种环保的中空混凝土现浇厚板，与回收旧砖瓦的上人屋面做法结合，形成一种可有效隔热的屋顶体系。这种厚墙与厚板的结合，在这个地区能有效减少空调的使用。

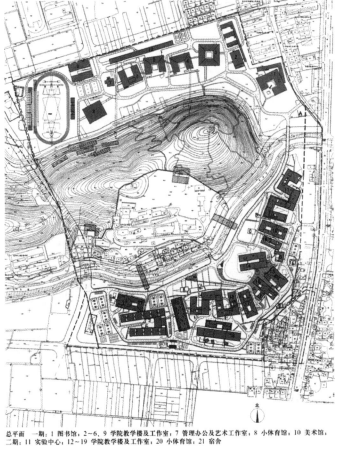

总平面 一期：1 图书馆；2~6、9 学院教学楼及工作室；7 管理办公及艺术工作室；8 小体育馆；10 美术馆；
二期：11 实验中心；12~19 学院教学楼及工作室；20 小体育馆；21 宿舍

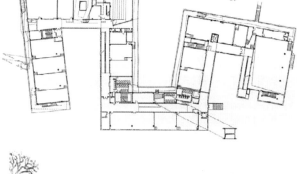

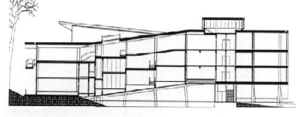

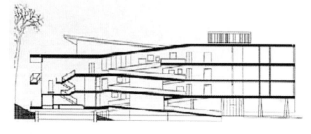

51 意大利维吉流斯山林度假酒店
麦特欧·撒恩（Matteo Thun）

学习解读：

· 酒店位于生态环境保护的高山隐居处，没有公路通达，是一座"摆脱一切"的简洁木构建筑。

· 酒店融入自然景观，流线型体隐喻被飓风吹倒在林中的巨型树干。

· 材料与构造设计都体现了低能耗，采用生物能而非燃油燃气，热辐射供暖，不失为高技术高质量的建筑。

· 室内设计为简洁优雅的乡村风格，到处可欣赏到开阔的自然景观，体验到平静而完美的氛围。

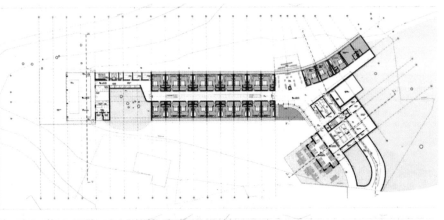
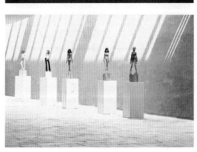
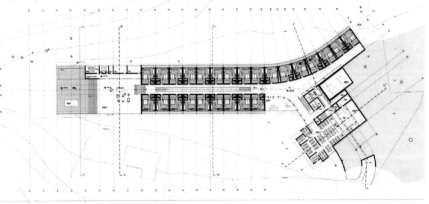

52 北京中信国安会议中心庭院式客房
维思平建筑设计事务所

学习解读：

· 12栋建筑坐落在跌落的山谷里，像一群散落的石头盒子，每栋庭院式客房的位置和方向依据山地坡度和道路的走向自由安排，形成丰富的室外空间。

· 庭院式客房内部围绕一个内庭院呈U形布置，主要空间——门厅、起居室、餐厅、客房全部面向庭院，辅助空间——楼梯、阳台、走廊、卫生间、厨房全部面向山谷。

· 面向山谷的外墙面和内坡屋顶均为外挂毛面花岗岩，面向内庭院的外墙采用了木格栅和涂料。使用了地源热泵低温热水地板辐射采暖。

一层平面图   地下室平面图

二层平面图   屋顶平面图

53

上海朱家角新镇水上宾馆
中国建筑设计研究院

学习解读:

· 建筑在高度、尺度、形态上与古镇相谐调,反映了历史文化的延续性和真实性。以水乡古镇的空间特色作为基本素材,代替形式语言的模仿,以取得建筑地方性的表达,与古镇建立对话的关系。

· 用类型学的方法,把建筑空间统一在"园"的系统中,方形、长方形院落空间具有极大的灵活性,可以适应不同的功能,营造不同的场所感。

· 空间的相互组合排列、内在规律满足酒店管理的要求,外在形态是自然有机的聚落。素白的色调、方正的体量试图跟进简约主义的时尚潮流,不同院子可以选择不同的艺术主题。

· 沿着内部通廊游走其间,犹如江南传统园林,处处对景、借景,层层递进,峰回路转。景观上利用错落布局,加大湖面景观,营造滨水景观,形成江南水乡的美丽画卷。

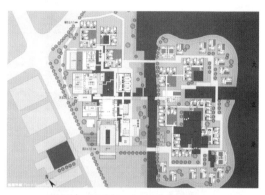

东北立面图

西北立面图

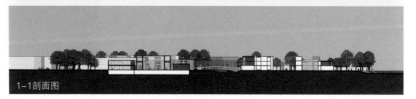

1-1剖面图

54 北京龙山教堂
维思平建筑设计事务所

学习解读:

- 两个体量前后相接组成教堂主体,入口处的内院空间是通向主厅的前院,净化、沉淀心灵的空间。院内平铺灰色石子,墙面裸露的混凝土将沉淀的意境在厚重与质感中蔓延。与前院并置的是同样大小的主厅,一主一附的屋面都是45°斜角,表现为一凹一凸、一敛一扬的相反空间,于稳重的宗教空间中融入了视觉上变化。

- 建筑立面材料采用了极具质感的蓝灰色玄武岩,厚重而肃穆。一系列20cm宽的竖向窄窗排列其上,向高处递增,光线洒入,给肃穆的教堂增加温暖,并成为心灵净化的引导。

- 教堂周围景观简洁概括,参天杨树、毛石围墙、大条石坐凳塑造出与周围现代化小镇不同的宗教氛围,钟塔简洁而具标志性,为小镇送去悦耳的钟声。

东立面图　　　西立面图　　　南立面图

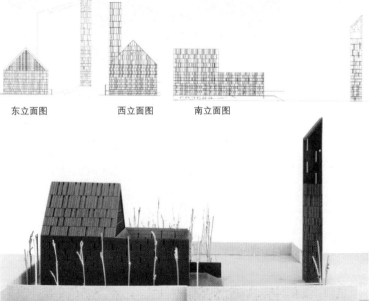

55 沈阳马三家伯特利堂
沈阳原筑建筑设计有限公司

学习解读:

· 几何形体的构成感、抽象形式以及单纯的色
  彩表现了教堂建筑的特征。

· 在不规则的四边形场地上,一个单纯功能的
  盒子型建筑通过抽拉方式形成两层外皮、柱
  廊和浮墙来丰富建筑形体。设计照顾到场地
  每个视角的关系,形成角度的斜向空间,这
  个角度被巧妙化解在建筑的几个立面中,以
  保证建筑内部完成合用,同时建筑形态呈现
  出一定的特异性。

· 极简教堂形态通过低造价、低技术施工来实
  现。侧墙与屋顶特殊的开窗方式,引导光线
  对室内特殊氛围的营造。

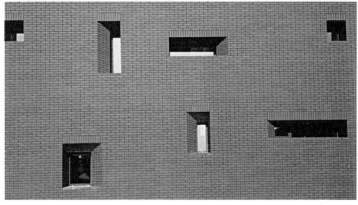

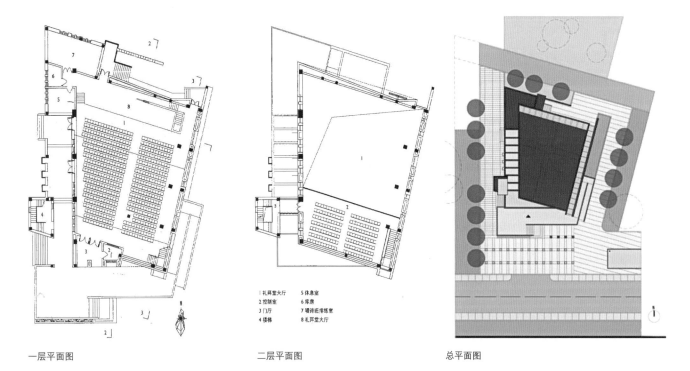

一层平面图   二层平面图   总平面图

1 礼拜堂大厅   5 休息室
2 控制室   6 库房
3 门厅   7 唱诗班准练室
4 楼梯   8 礼拜堂大厅

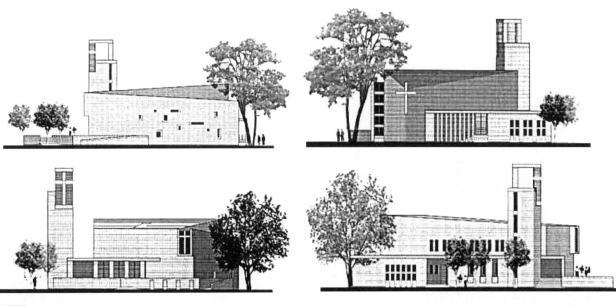

立面图

56 荷兰莱利斯塔德剧场
UNStudio建筑师事务所

学习解读：

· 从剧院的原始功能出发，营造成为一个变幻莫测的舞台世界。通过多棱面组成的建筑内墙和外墙，在内部和外部重现变幻的舞台体验。两个远离的音乐厅和相关功能房间共存在一个巨大体量中，在不同方向各自伸展，创造出极具戏剧效果的建筑形体。舞台布景机器的设备空间被顺利包容。

· 外立面的尖角和突起由橙色和黄色的多层钢板与玻璃包裹，建筑外表皮的鲜艳色彩在内部显得更加强烈，楼梯扶手如同红丝带盘旋上升，随光线而变化，从紫红、深红、樱桃红到白色。剧场主色调为红色。

· 功能复杂的剧院变得灵活多变、简单明晰，雕塑般的建筑形体和多棱面的建筑表皮赋予建筑本身多变的性格，为周围地区带来生机与活力，带来新奇的建筑体验，成为地区的文化地标。

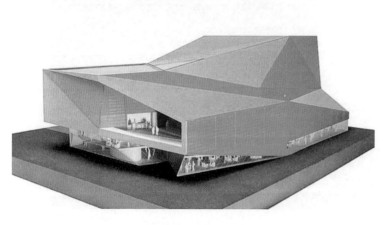
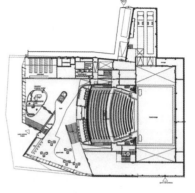

首层平面图

57 上海青浦区体育馆
北京市建筑设计研究院

学习解读：

· 该体育馆、训练馆改造项目中，建筑造型及风格得以提升，内部设施设备部分更新。

· 通过增加外皮、强化体型中的几何逻辑关系和适度地活跃体型来完成外部改造。

· 外皮材质：上面用乳白色聚碳酸酯板材做成编织状，下面用铝合金穿孔板及局部铝合金方管，形成现代、开放式外衣。

· 内部完善了举行小型比赛的功能，改造了看台，并增加附属用房和观众服务设施。

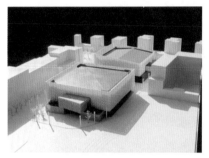

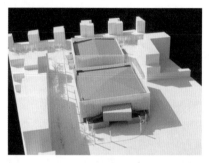

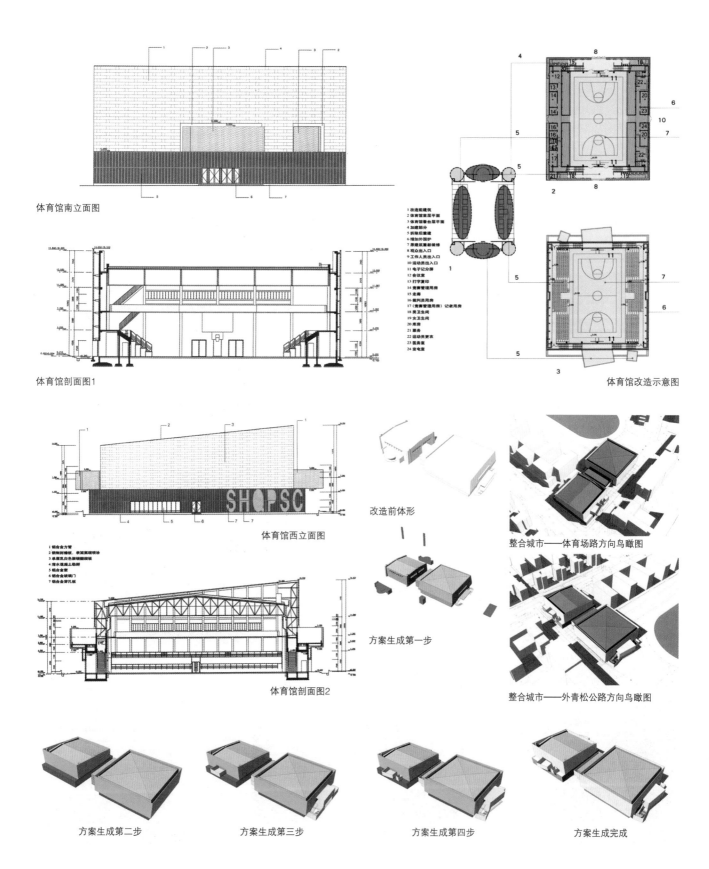

体育馆南立面图

体育馆剖面图1

体育馆改造示意图

1 改造前建筑
2 体育馆首层平面
3 体育馆看台层平面
4 加建部分
5 拆除后重建
6 增加外围护
7 原建筑重新装修
8 现有入口
9 运动员出入口
10 运动员出入口
11 电子记分牌
12 会议室
13 打字复印
14 竞赛管理用房
15 走廊
16 裁判员用房
17 (竞赛管理用房)记表用房
18 男卫生间
19 女卫生间
20 库房
21 器务
22 运动员更衣
23 医务
24 变电室

体育馆西立面图

1 铝合金方管
2 钢制封檐板、表面氟碳喷涂
3 素面乳白色铝塑穿孔板
4 清水混凝土墙脚
5 铝合金窗
6 铝合金玻璃门
7 铝合金穿孔板

体育馆剖面图2

改造前体形

方案生成第一步

整合城市——体育场路方向鸟瞰图

整合城市——外青松公路方向鸟瞰图

方案生成第二步

方案生成第三步

方案生成第四步

方案生成完成

58 北京复兴路乙59-1号
中国建筑设计研究院

学习解读：

· 原有的办公和公寓改造成集餐饮、办公、展廊为一体的小型城市复合体。

· 根据原建筑无规律的层高和柱网结构体系确定幕墙的金属框架网格，根据不同功能采用四种不同透明度的彩釉玻璃，利用夜景照明将企业LOGO结合于网架中。

· 根据不同方向的现状，幕墙分别悬挑不同尺度的空间，以配合不同的使用要求和景观要求。悬挑的空间形态基于幕墙网格，被立体化和空间化。

· 西侧利用原楼梯间扩展改造而成的立体展廊可被视为一个垂直方向游赏的园林。

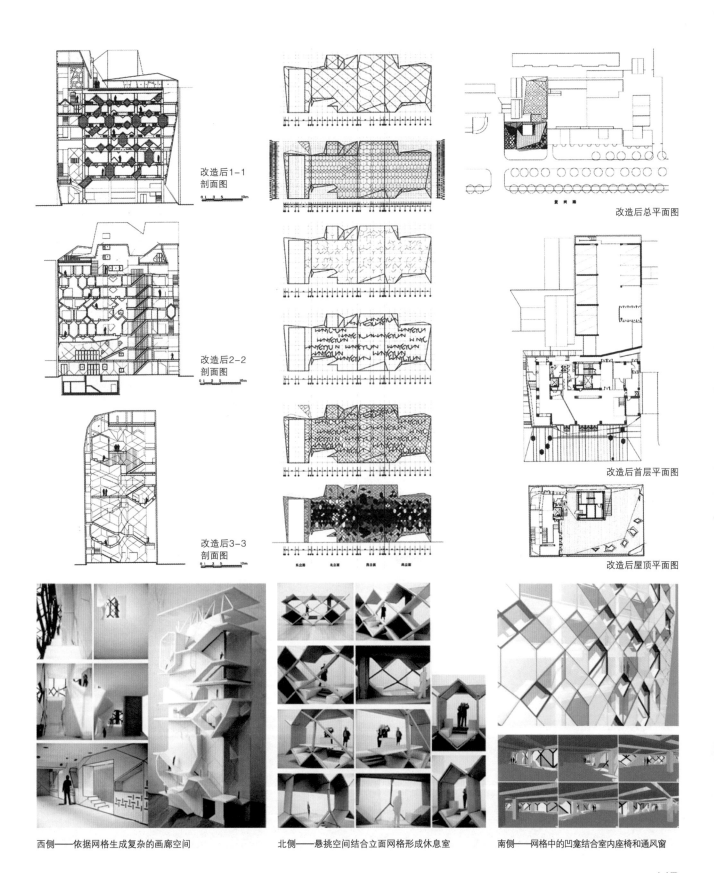

改造后1-1
剖面图

改造后2-2
剖面图

改造后3-3
剖面图

改造后总平面图

改造后首层平面图

改造后屋顶平面图

西侧——依据网格生成复杂的画廊空间　　北侧——悬挑空间结合立面网格形成休息室　　南侧——网格中的凹龛结合室内座椅和通风窗

147

59 河北吴桥杂技艺术中心
中国建筑设计研究院

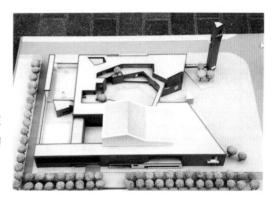

学习解读：

· 创造梦想的舞台：通过体量的变化与穿插创造出丰富的空间，给参观者和使用者带来新鲜的体验，杂技剧场、博物馆、文化馆营造出梦幻的气氛。

· 建筑的形式逻辑模拟杂技人员表演姿势的延展性和异化，形成空间的丰富表现力。

· 朝向城市的一面采用完整、规则但有构成感的界面；向内部院落转化时，界面被折叠几下，在不同高度推出或推进，空间在不同方向上形成不确定性。

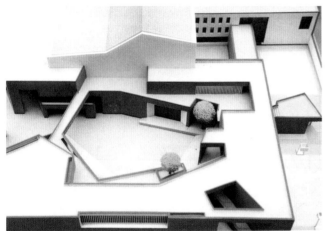

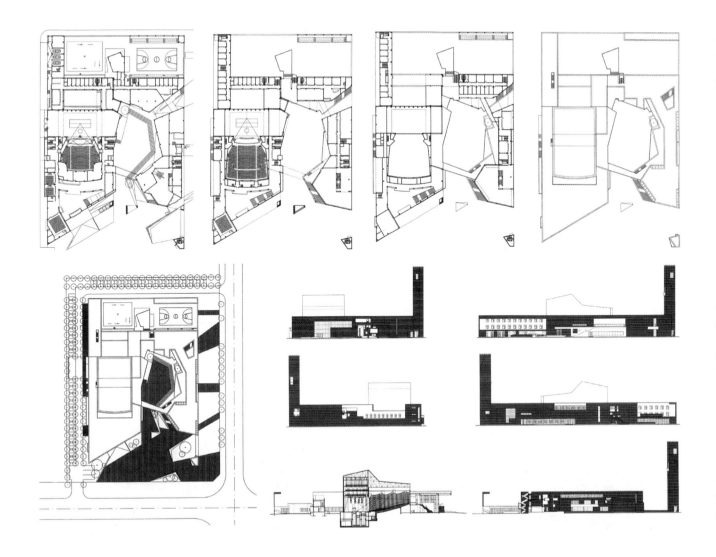

60 巴基斯坦巴中友谊中心
中元国际工程公司

学习解读:

· 建筑借鉴了伊斯兰建筑中的庭院特色, 内向封闭、中央泉水、柱廊围合、几何植物配置等。

· 多功能需求与多样化服务为一体, 内部庭院交错, 体现了中国和伊斯兰共有的景观特色。

· 建筑体量具有雕塑感, 由伊斯兰纹样提炼的金属镂空表面形成遮阳和光影幻觉, 镂空和红砖形成虚实对比, 内部装修体现了地域文化。

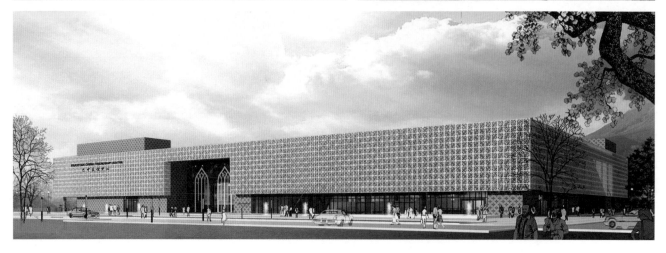

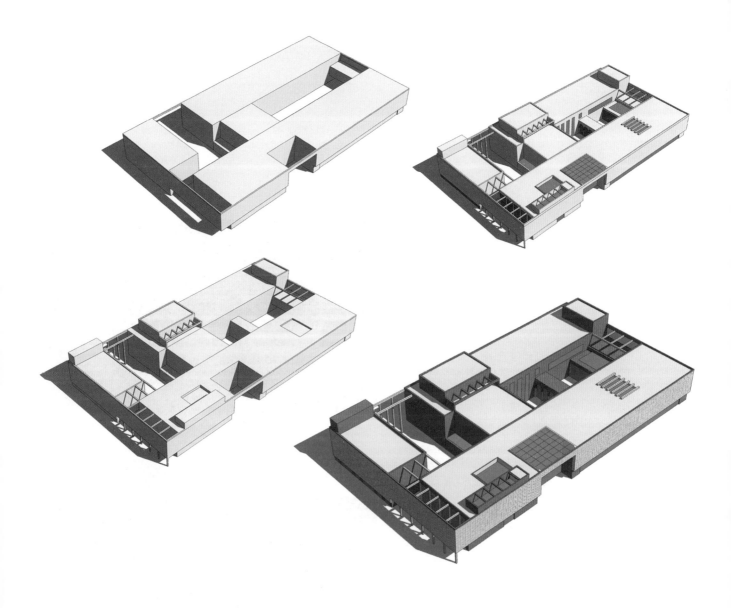

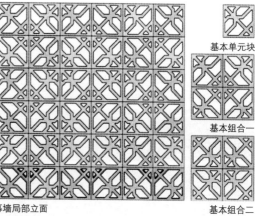

幕墙局部立面
装饰图案

基本单元块

基本组合一

基本组合二

61 日本馆
日本设计株式会社+上海现代建筑设计集团

学习解读：

- 该项目的设计理念是"会呼吸的生命体"，建筑作为一个有机体，通过六根空心的呼吸柱引入光线、收集雨水、拔风循环空气，以达到光、水、空气循环的效果。
- 建筑外围采用ETFE（乙烯-聚四氟乙烯聚合物）双层膜气枕结构，透明度高，气枕可充气。
- 以钢结构进行空间定位，再进行膜裁切安装。小型发电机供应电子感应设备、水喷雾冷却装置等实验性技术。

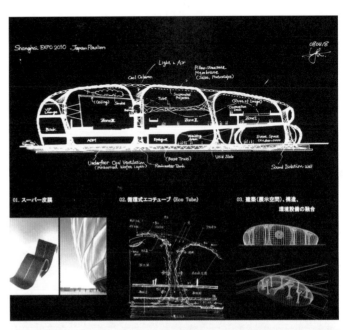

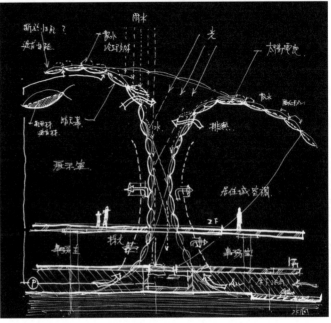

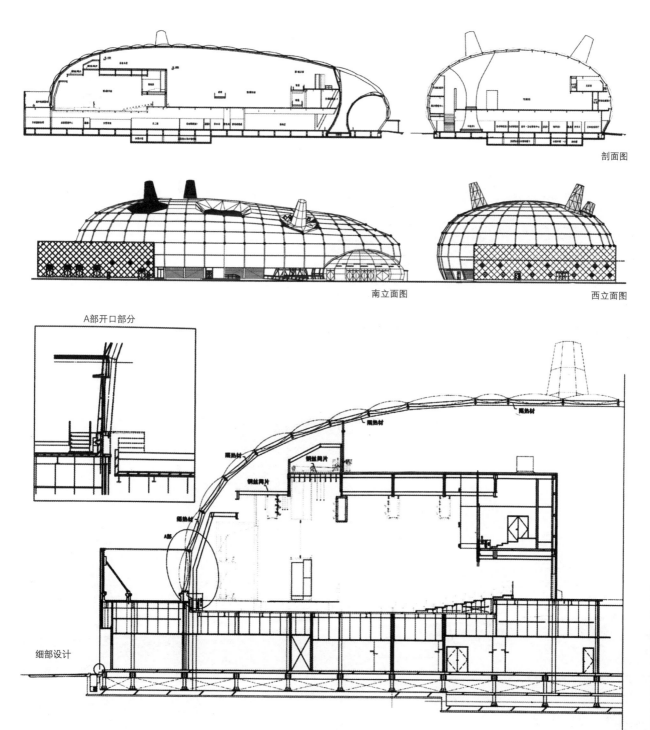

剖面图

南立面图

西立面图

A部开口部分

细部设计

62 阿联酋馆
福斯特合伙人建筑事务所+上海现代建筑设计集团

学习解读:

· 以自然的宏伟沙丘作为设计概念原型,沙丘坡面下形成的展厅展示了这个沙漠国度基于不利自然环境的全新生活追求。

· 外壳运用涂覆氧化膜层的不锈钢面板,在夏日阳光下变幻出沙漠特有的玫红色彩,形成沙漠沙丘流动的光影感,形成场馆的最大特色。

· 以太阳能为基础的低碳能源方式和可拆除异地重构的方式实现建筑可持续发展理念。

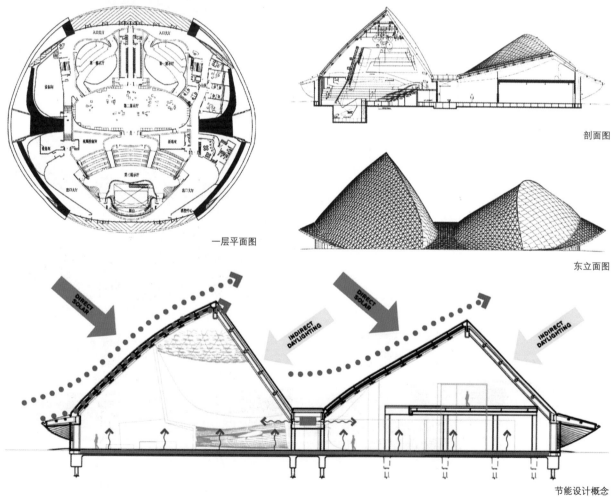

一层平面图

剖面图

东立面图

节能设计概念

63 荷兰馆
同济大学建筑设计研究院

学习解读:

· 类似游乐园的回旋坡道上挂满展馆,寓意创造好的街道,提升城市的宜居性。

· 各个展馆各不相同,让参观者有不同发现,在游玩中进行学习,受到教育。

· 整个场馆为无门的开放场馆,热电转化材料制作成橙色遮阳伞,与展馆形成欢快的节拍。

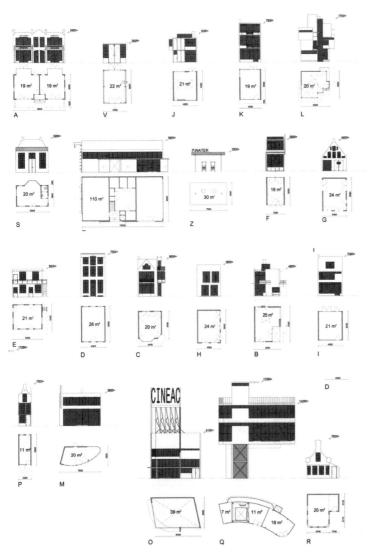

各个小展厅平面图

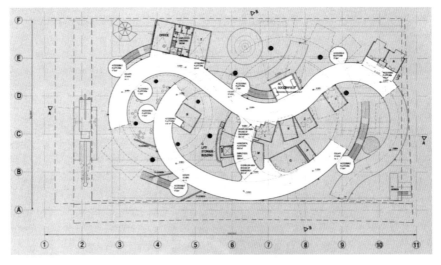

平面图

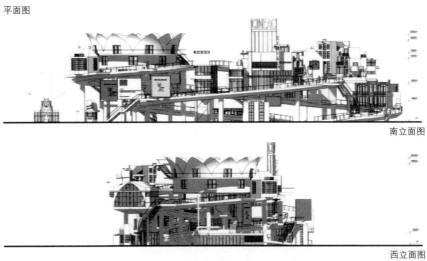

南立面图

西立面图

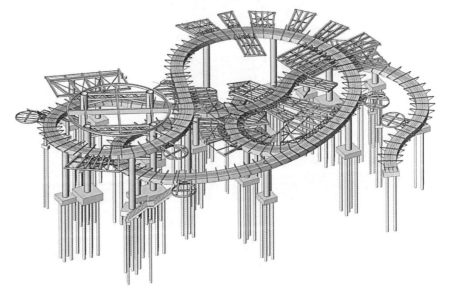

64 法国馆
JFA建筑事务所+同济大学建筑设计研究院

学习解读：

· 混凝土网架的柔美曲线勾勒出建筑的外表皮系统，将内部不同形体整合在韵律和动感逻辑中，灰白色的机理呼应着巴黎城市。

· 展馆的主题从人的感官展开，从时装面料到建材表皮，从古典交响乐到生活噪声，从法国电影到最新电子科技成果，折射法国的浪漫时尚之都。

· 丰富多彩的立体花园，搭配以多种花色的植物，外墙采用垂直绿化，屋顶采用规则的传统园林形式。

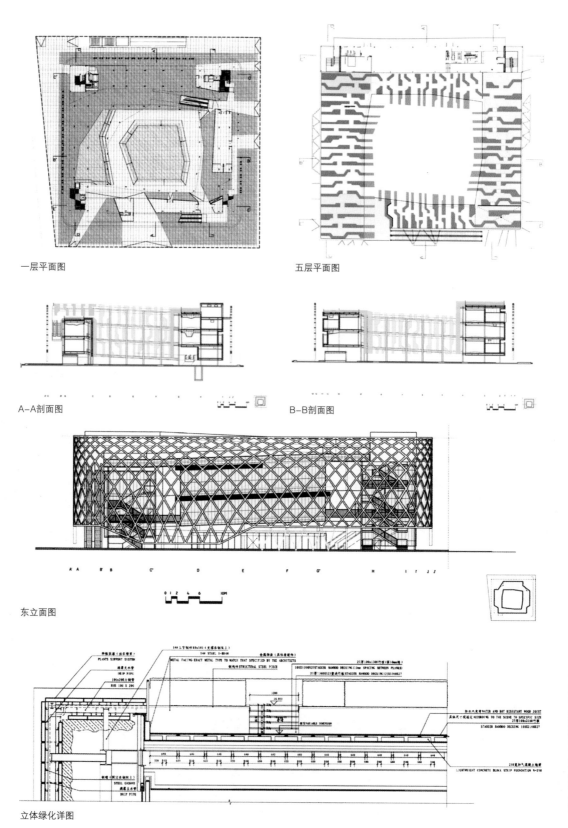

一层平面图

五层平面图

A-A剖面图

B-B剖面图

东立面图

立体绿化详图

65 奥地利馆
Arge Span & Zeytinoglu 建筑事务所+上海现代建筑设计集团

学习解读：

· 以音乐为灵感，结合中奥两国文化元素，外表为"中国瓷"流动的马赛克，建筑色彩是奥地利国旗和中国红的结合。

· 流动的造型以曲线拓扑体为基础，建筑形态和内部空间紧密结合，每个空间都是对奥地利的音乐、文化、传统工艺、城市环境的暗喻，为来访者提供了奥地利之旅的体验。

· 建筑形式具有很强的视觉冲击力，二维和三维的立体设计通过REVIT软件来实现。

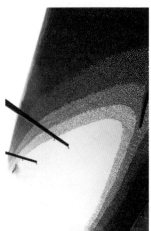

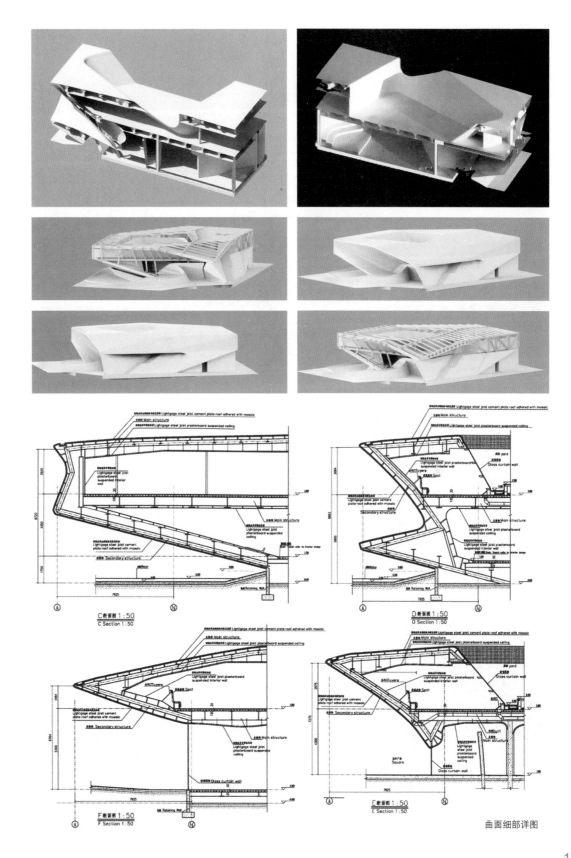

曲面细部详图

66 丹麦馆
BIG建筑事务所+同济大学建筑设计研究院

学习解读:

· 通过纯粹的空间、清爽的色彩、生动的场景诠释生活的乐趣，让人们体验丹麦生活特色：环城自行车、海港浴场、游乐场、屋顶餐厅、小美人鱼等，可通过漫步或骑车来体验。

· 建筑为螺旋式上升的结构形式，其循环式路线形成两个平行的内、外表面，内表面为闭合空间，容纳了展馆的不同功能区，外表面为穿孔金属板，反映钢结构受力状况并透射光线。

· 白色建筑体量被逐渐抬升悬浮在地面上，轻盈、流畅、纯粹，大量灰空间可提供庇荫和储藏。

· 选材和色彩体现了悠久的航海传统和海洋气息，内外蓝色自行车道穿越整个建筑。

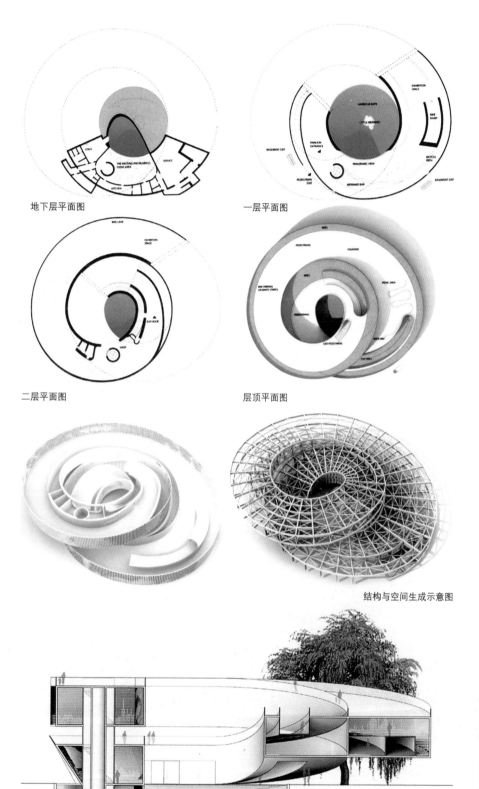

地下层平面图

一层平面图

二层平面图

层顶平面图

结构与空间生成示意图

剖面图

67 德国馆
Schmidhuber+Kainal事务所+上海现代建筑设计集团

学习解读:

· 建筑外形处理得很高科技, 很未来。将展览空间完全置于绿色景观上空, 类似于底层架空, 穿行其中可感受到德国的自然和人文景观, 彰显了德国的城市活力和科技水平。

· 以最少支撑构件来支撑庞大体量, 利用结构空间效应来减少结构构件的尺度。采用双层外表皮维护结构, 主钢结构外包100mm彩钢夹芯板, 外侧是一层开放式、网格状的膜, 由聚酯纤维基布和PVC涂层复合而成。

· 模数使用贯穿建筑, 设计注重务实和功能, 注重绿色生态与节能环保理念, 应用了中国元素"保护伞"。以很自然、平常、生活化、很微小的行为或场景引发构思, 深入发展, 获得灵感。

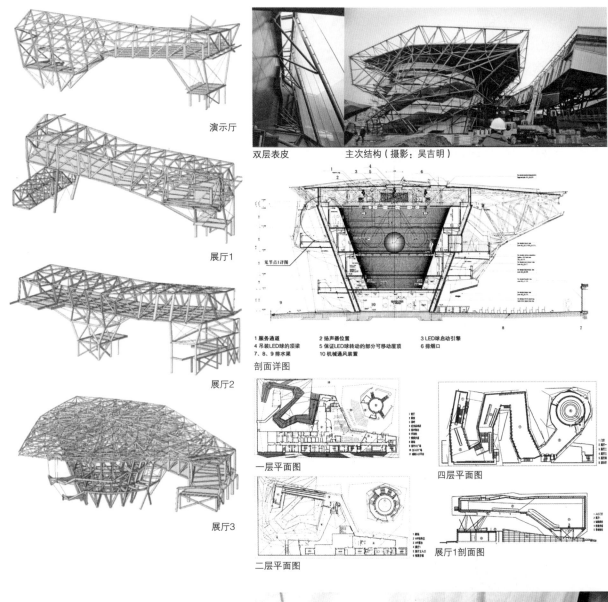

演示厅

展厅1

展厅2

展厅3

双层表皮　　　　　主次结构（摄影：吴吉明）

1 服务通道　　　　　2 扬声器位置　　　　　3 LED球启动引擎
4 吊装LED球的顶梁　5 保证LED球转动的部分可移动屋顶　6 排烟口
7、8、9 排水渠　　　10 机械通风装置

剖面详图

一层平面图　　　　　　　　　　　　四层平面图

二层平面图　　　　　　　　　　　　展厅1剖面图

68 西班牙馆
西班牙EMBT建筑事务所+同济大学建筑设计研究院

学习解读:

· 利用柳条工艺的不确定性,展示柳条作为一种中西共有的技艺、可持续的和可再生的材料,仍然可以运用到现代建筑中。

· 立面呈现出深浅变化,附上一系列中国汉字,搭建起中西的友谊,柳条板随着曲面结构随风摇摆,俨然热情的西班牙舞者,材质的透光性形成光影变幻的过渡混合空间。

· 建筑曲面的复杂形体需要以独立的结构体系来支撑实现,结构体系由内部柱子、地板、墙面和核心筒组成。

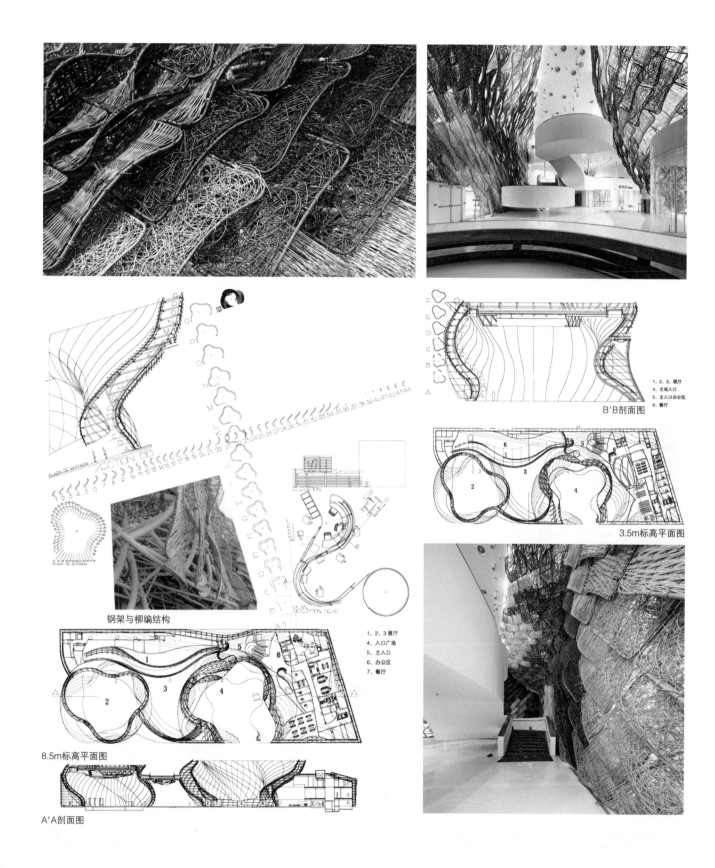

1、2、3、展厅
4、主场入口
5、主入口办公区
6、餐厅

B'B剖面图

3.5m标高平面图

钢架与柳编结构

1、2、3展厅
4、入口广场
5、主入口
6、办公区
7、餐厅

8.5m标高平面图

A'A剖面图

69 芬兰馆
Lemcon + Aaro Kohonen Oy

学习解读：

· 纯粹建筑意境的表达：一片如镜的水面之上，浮动着白色圆滑的壶状
　体，表达了远古时代冰川形成"欧穴"的意向。

· 采用新型复合材料：纸片与塑料的合成物，建造了可持续性的建筑。

· 一片片纸塑木瓦呈鳞片状附在建筑外表，如鱼类动物的表皮形成均质
　细腻的肌理，体现了芬兰简约、细致的个性。

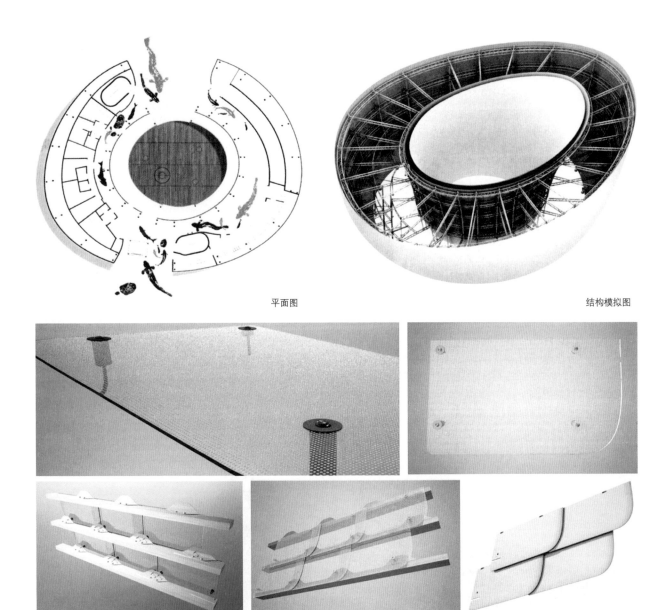

平面图

结构模拟图

表皮木瓦板系统

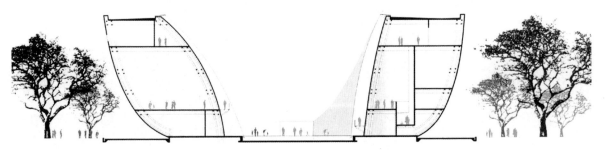

剖面图

70 中国馆
华南理工大学建筑设计研究院

学习解读：

· 东方之冠（斗拱、冠帽、礼器鼎），主轴统领；传统构架，现代演绎；九洲清宴，园林萃集。

· 九叠篆刻，传承转译文化信息；中国之红，和而不同，多维审美表达。

· 现代科技，绿色环保。采用自遮阳体系、架空通风、屋面太阳能光伏系统、雨水收集系统、冰蓄冷系统、绿化屋面、喷雾系统、能源管理系统、透水砖等。

叠篆文字

传统架构

新九洲清宴

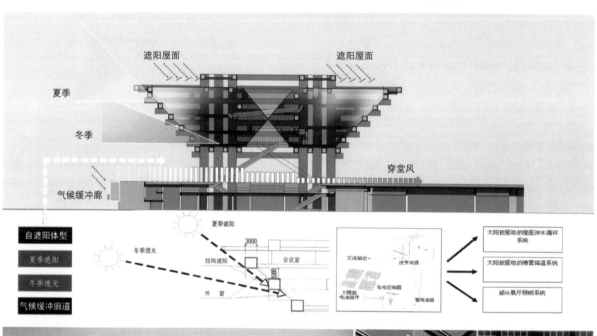

遮阳屋面　　　　　　遮阳屋面

夏季

冬季

气候缓冲廊

穿堂风

自遮阳体型
夏季遮阳
冬季透光
气候缓冲廊道

夏季遮阳
冬季透光

结构遮阳

会议室

外窗

交流输出

太阳能电池组件

逆变电源

充电控制器

蓄电池组

太阳能驱动的屋面淋水循环系统

太阳能驱动的喷雾降温系统

部分展厅照明系统

节能措施示意图

3

建筑方案设计与表达

3.1 建筑方案设计表达内容

3.1.1 建筑方案文本内容的基本模式

投标方案文本是投标内容的技术标部分，其包含内容与《建筑工程设计文件编制深度规定》中方案设计部分所要求的内容基本一致，但不尽相同，要以投标设计任务书所要求的内容为准。除了在设计图纸方面表达完善外，还要有相当篇幅的设计理念与设计分析的内容。

1. 设计依据

· 相关的设计规范和设计标准，包括通用的民用建筑设计规范和专门类别的建筑设计规范等。

· 甲方提供的设计资料依据，包括设计任务书、地勘资料、规划部门资料等。

· 建筑制图标准。

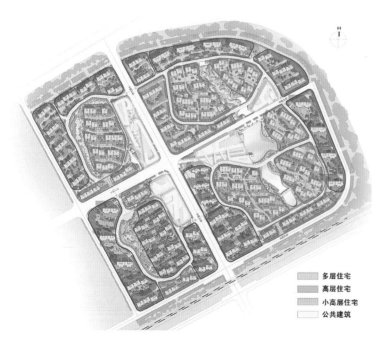

多层住宅
高层住宅
小高层住宅
公共建筑

图3-1

2. 项目工程概况

· 介绍设计项目的职能属性、功能内容、社会地位、发展历史等，根据实际信息量增减。

· 介绍所处区域的社会发展情况，用地周围道路、地块的属性，工程用地概况、规划用地面积、建设用地面积等。

· 建筑面积指标：方案设计的地上建筑面积、地下建筑面积等。

3. 规划设计理念

· 整体的、大方面的设计构思与概念。

· 不同功能类别的建筑有着不同的规划设计思路

· 规划设计的理念在建筑设计的内容里要

明确体现。

4. 功能结构布局

　　·各功能组成部分各自相对独立。

　　·每部分之间的交通联系便捷。

　　·各部分及内部之间满足动静分区、洁污分区的要求。

　　·空间系统要有主次，统帅感、秩序感明确。

　　·可进行多种布局方案的过程探索，摆在同一图面上比较。

　　例如：图3-1、图3-2。

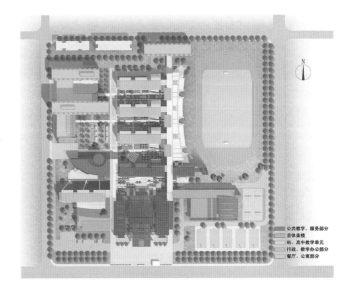

图3-2

5. 交通道路系统

　　·对机动车辆、人行道路、消防车道路要有清晰的规划。

　　·对道路级别要表达清楚，比如城市道路、小区级道路、组团级道路、宅前道路要区分开来。

　　·特殊情况下对不同时段的人流进行详细研究。

　　·对不同类别的人员流线要区分，必要时做三维立体的人流疏散图。

　　例如：图3-3、图3-4。

图3-3

6. 绿化景观分析

　　·以总平面为衬托，表达出各个大小景观空间的关系，清晰明了。

　　·对不同类别的景观空间要分别构思设计，说出特点，最好配上示意图。

　　·需要表达植被特色、植物种类的景观绿化，可以专门图示表现。

　　·精心设计的丰富的穿插空间、立体空间、特色空间等，可采取立面、剖面、小透视等图面表达。

　　例如：图3-5、图3-6。

7. 建筑形象表现

　　·建筑整体的风格、色调、文化类型，通过整体的效果图、鸟瞰图表现。

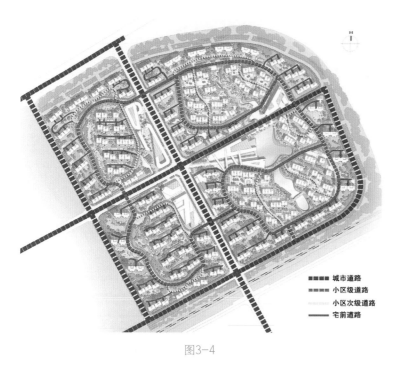

城市道路
小区级道路
小区次级道路
宅前道路

图3-4

· 局部空间设计需要多个小透视图来反映设计意图。

· 建筑的性格气质还需要立面的色彩、风格、材质等多种要素表现。

8. 方案特色内容的表达

· 人性化设计概念。

· 绿色节能生态理念。

· 抗震防灾理念。

· 特色空间的强调。

· 细节设计的突出表达。

9. 建筑图纸的表达

· 总平面图、建筑平面图。
建筑立面图、剖面图。

鸟瞰图、透视效果图。

10. 经济技术指标

总用地面积、总建筑面积、建筑基地总面积。

道路广场总面积、绿地总面积。

容积率、建筑密度、绿地率。

小汽车/大客车停车泊位数、自行车停放数量。

3.1.2 设计文本制作

内容前后排序，内容条理；

版式装帧设计，格式统一；

版面贴近内容，注重特色。

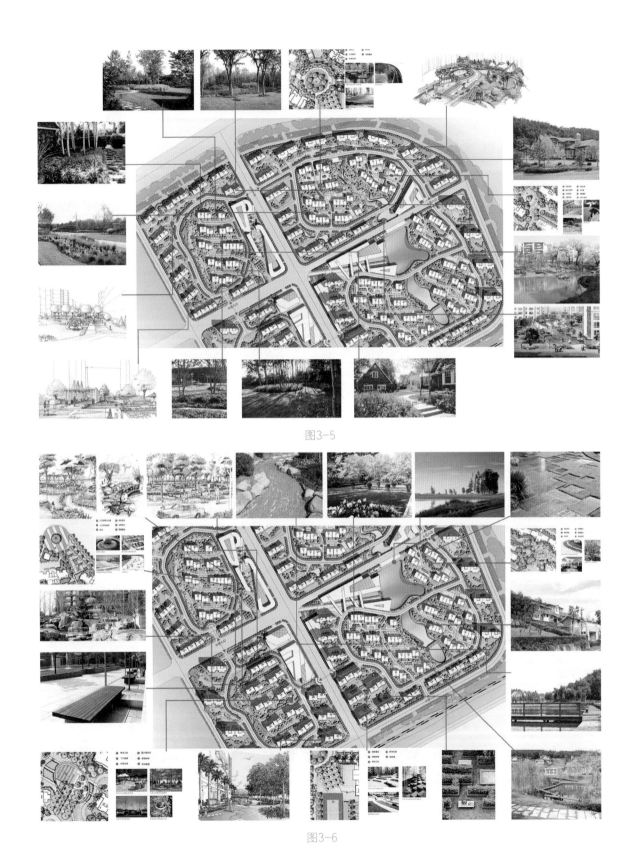

图3-5

图3-6

3.2 方案设计文本示例

本节主要是通过公共建筑方案设计和住宅方案设计两个设计文本的内容展示，来说明方案设计文本的大体内容、构架形式、制作深度等。有关建筑概念设计的形象展示、推敲演绎过程可以不拘一格，以说明问题为最终目的，在方案阶段牵扯到相关技术图纸的要求时，可参考附录《建筑工程设计文件编制深度规定》中相关内容要求。

3.2.1 公共建筑设计文本

公共建筑设计文本的内容板块大概分为效果图部分、环境分析部分、概念设计部分、建筑单体设计部分、景观设计部分、专业设计说明等，其中概念设计是核心部分，设计思想表达、形体推敲演绎是现代公共建筑创作中最受关注的点，是对地域文化、地块特点、建筑类型、功能空间等许多诱导因素的充分领悟吸收后，用艺术思维的形式所推演出的比较合理的答案。此外，方案中功能的分区布局、流线的合理性也是至关重要的内容。相关的细节问题参阅下面的文本示例。

目录

- 封面

效果展示篇

- 鸟瞰图
- 日景效果图
- 夜景效果图
- 草图大师效果

城市分析篇

- 城市解读
- 地域文化提炼
- 区位与周边环境
- 基地分析

- 设计理念

规划设计篇

- 规划要点
- 过程方案
- 总平面图
- 分期规划建设
- 两轴两点两带
- 功能分区分析
- 单体组合设计
- 朝向和空间机理分析
- 体块分析

- 交通流线分析
- 空间形态分析

单体设计篇

- 设计指导思想
- 备用交易厅说明
- 形态推敲
- 数据中心说明
- 备用交易厅平面
- 研发中心说明
- 研发中心平面
- 立剖面图

景观设计篇

- 整体景观策略
- 景观分析
- 景观空间层次
- 亲水亲绿亲地空间分析
- 轴线设计

专业设计说明

- 建筑专业说明
- 结构专业说明
- 设备专业说明
- 电气专业说明

郑州商品交易所技术中心
zhengzhoushangpinjiaoyisuojishuzhongxin
建设项目方案设计

封面1

效果展示稿

日景效果图1

179

草图大师效果9

夜景效果图8

鸟瞰图3

夜景效果图

草图大师效果7

城市分析篇

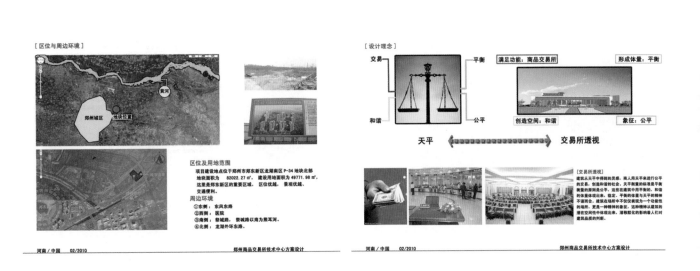

规划设计篇

[过程方案]

[方案X...]

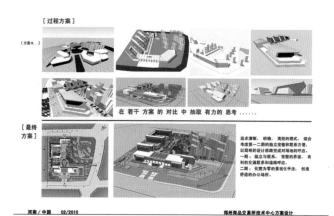

在 若干 方案 的 对比 中 抽取 有力 的 思考……

[最终
方案]

追求清晰、明确、高效的模式，综合
考虑第一期二期的独立完整和联系便，
以简明的设计思路完成对场地的呼应。
一期：独立与联系，完整的界面，有
利的交通联系和道路呼应。
二期：化整为零强化设计手法，创造
舒适的办公场所。

[过程方案]

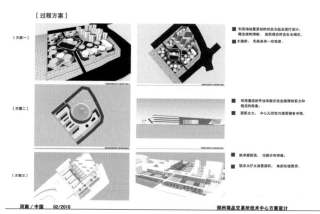

[方案一]

■ 利用场地差异较大的状态为起点进行设计，
概念结构清晰，曲形造型自支似模式。
■ 太抽象，实施具有一定难度。

[方案二]

■ 利用叠层的手法来展示企业继厚的实力和
稳定的理念。
■ 圆形太太，中心几何性与使用需用有冲突。

[方案三]

■ 秩序感较强，功能分布明确。
■ 联系大厅太浪费空间，角部处理困难。

[总平面图]

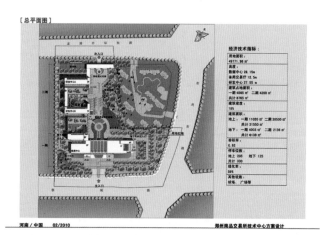

经济技术指标：

用地面积：
49771.96 ㎡
高度：
交易中心 28.15m
备用厅 12.5m
研发中心 27.95 m
建筑占地面积：
一期 4585 ㎡ 二期 4200 ㎡
共计 8785 ㎡
建筑密度：
18%
建筑面积：
地上 一期 11020 ㎡ 二期 20530 ㎡
共计 31550 ㎡
地下 一期 4003 ㎡ 二期 2136 ㎡
共计 6139 ㎡
容积率：
0.82
停车位数：
地上 200 地下 125
共计 330
绿化率：
38%
其它：
球场、广场等

[两轴两带多点]

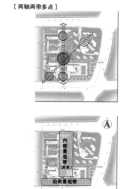

内部景观带（共享）

沿街景观带

[两轴]

用地南部为沿河景观带，因此在基地内部设计了一条南北向贯穿整个用地
的景观主轴，并在此基础上，将一期备用交易厅与数据中心分置东西两
侧，二期研发中心沿轴设置，并在中间自然的形成良好的开放性广场，
起到整合用地内各部分的作用；另用地北部与居住建筑相近的正南北向
格局形成另一条次轴，呼应两者关系并相互叠像，着力处理主次轴的
交点。

[两带]

依据功能要求和对周边环境的分析，在沿繁城路一侧设计了与沿河景观相
呼应的广场景观带，在场地内部沿主轴布置了由建筑剖面和形成的休闲景观
带。

[多点]

沿着主轴线在两个景观带之间辅以形式丰富的景观节点、功能节点，由此形
成了点线面结合、两轴两带多点的主体规划结构。

[功能分区分析]

[交易厅分析]

[数据中心分析]

[研发中心分析]

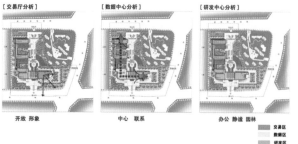

开放 形象   中心 联系   办公 静谧 园林

交易区
数据区
研发区

[功能分区分析]

本规划中功能结构分区的核心理念是：
分区明确、各具特色、有机联系。
1、分区明确
按照规划要求，用地由南向北分为一期和二期两个
部分，由西向东形成数据区，研发区和交易区三
个区域。
备用交易厅由于相对外向的功能要求，设置在
用地的东侧，在道路转角形成开放的形象；
数据中心位于研发中心和交易中心延展面之间，
更便于三者的有机联系。
研发中心位于用地内部西侧。
一期部分沿城市干道展开，形象展示面及景
观的延展面最好。
主入口面向沿河景观带，提升了本中心
的形象档次。
2、各具特色
针对功能、性质、服务人群的各自不同，三个
功能分区无论从空间层次、建筑尺度、交通流线，
还是景观设计，都始终了符合其性格的不同设计和
处理。

交易区
数据区
研发区

完整界面 形象

河南／中国　02/2010　　郑州商品交易所技术中心方案设计

182　　建筑设计快速入门

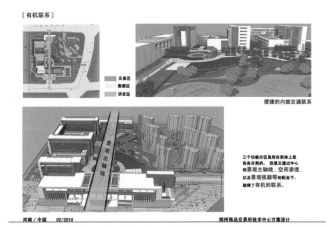

交易区
数据区
研发区

便捷的内部交通联系

景观主轴线

三个功能分区虽然在实体上是各自分离的，但是又通过中心的景观主轴线，空间渗透，以及景观视廊等的配合下，取得了有机的联系。

通过建筑体型的修改，改善原方案二期排列单调的效果，同时建筑功能空间的整合减少电梯的数量。

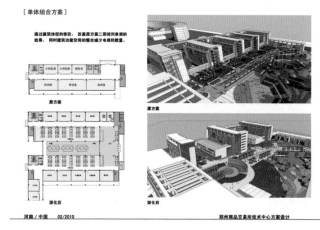

原方案
原方案
深化后
深化后

空间肌理
空间肌理是城市空间形态的二维反映，具体体现街区地方性的重要因素，延续它们是保持空间形态认同感的重要手段。基地所在位置城市肌理有两条轴线，一方面面对城市东西向展开，与南北向呈一定角度；另一方面延续基地北侧的住宅建筑正南北向趋势。事实上，项目用地西侧有医院以及用地周边的道路，都已经设定了较恒整的空间肌理走向。在设计中，我们已经放弃了追求标新立异的建筑布置方式，而采取尊重区域肌理的态度，将建筑平行于道路和河岸布置在基地内，以取得和环境、场地的和谐与对话。

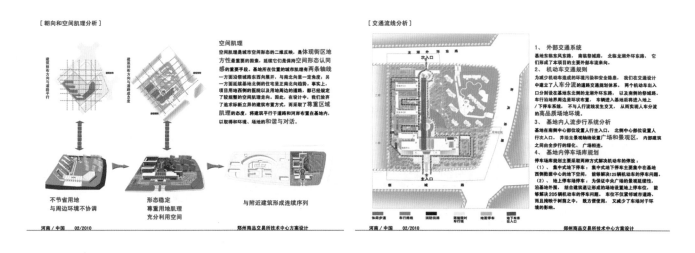

不节省用地
与周边环境不协调

形态稳定
尊重用地肌理
充分利用空间

与附近建筑形成连续序列

1、外部交通系统
基地东临东风路，南临常城路，北临龙湖外环东路，它们形成了本项目的主要外部车流来向。
2、机动车交通规则
为减少机动车造成的环境污染和安全隐患，我们在交通设计中建立了人车分流的道路交通规划体系，两个车库出入口分别设在基地东北侧的龙湖外环东路，以及南侧的常城路。车行沿地界周边呈环状布置，车辆进入基地后将进入地下停车场。不与人行道发生交叉，从而实现人车分流的高品质场地环境。
3、基地内人流步行系统分析
基地在南侧中心部位设置人行主入口，北侧中心部位设置人行次入口，并沿主景观轴线设置广场和景观区，内部建筑之间由步行绿化、广场相连。
4、基地内停车场布局规划
停车场规划主要采取两种方式解决机动车的停放：
（1）、集中式地下停车：集中式地下停车主要集中在基地西侧数据中心的地下空间，能解决大约125辆机动车的停车问题。
（2）、地上停车停车：为保证中央广场的景观延续性，沿基地外围，结合建筑退让形成的场地布置地上停车。能够解决大约205辆机动车的停车问题。车位不仅紧邻相连的道路，而且掩映于树荫之中，既方便使用，又减少了车场对于环境的影响。

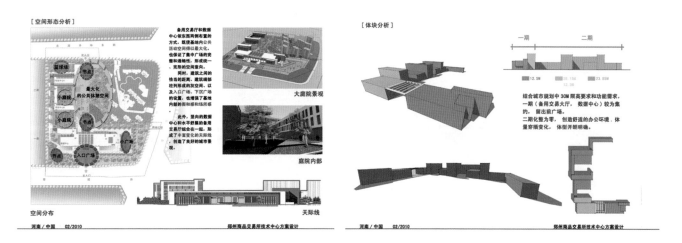

备用交易厅和数据中心依东西两侧布置的方式，既使基地内公共活动空间可以最大化，也保证了集中的完整和通透性，形成统一、完形的空间取向。同时，建筑之间的恰到的距离、建筑端部柱列形成的灰空间，以及入口广场、下沉广场的设置，也增强了基地内部的图和渐丰富所在。
此外，建筑的数据中心和水平舒展的备用交易厅结合在一起，形成了丰富变化的天际线，创造了良好的城市景观。

网球场
小庭院
最大化的公共体憩空间
小庭院
节点
节点
节点
入口广场

大庭院景观

庭院内部

空间分布

天际线

一期   二期

12.5M   23.85M

结合城市规划中30M限高要求和功能需求，一期（备用交易大厅，数据中心）较为集约，留出前广场。
二期化整为零，创造舒适的办公环境，体量穿插变化，体型开朗明确。

[设计指导思想]

1、在满足任务书的前提下，注重办公空间的灵活性。
2、园林化思想贯穿到建筑处理中（建筑内部，建筑与庭院之间）。
3、建筑内部和建筑间的交通流线的联系便捷性。
4、形态形式体现办公建筑的性格。
……

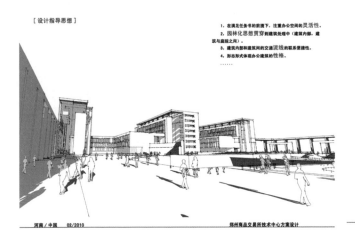

河南／中国   02/2010   郑州商品交易所技术中心方案设计

[设计说明]

● 建筑造型简洁现代，柱廊和挑檐在阳光的照耀下富于阴影变化，具有非常强烈的韵律感和表现力。

1、备用交易大厅 功能布局
（1）集中式布局。备用交易厅采用集中布局，尽可能让出大片集中空地作为广场。据高了场地的活力。紧凑的布局形式也极大地缩短了流线。达到了对土地的高效利用，也能够较大降低建造成本，有利于建设的可持续发展。同时，紧凑的布局有利于形成更加解明的建筑形态。突出建筑的标志性。丰富备用交易厅空间形象。
（2）交易大厅采用无柱大空间，使用效率最大化。
2、备用交易厅 交通流线 主要出入口位于用地的东侧和南侧，使其对公共性的交易厅与数据、研发中心在空间上区隔，流线上互不干扰。
3、数据中心 交通流线
主要出入口位于用地的西侧和南侧，与交易厅在空间上区隔，内部通过中庭分隔机房和办公的人流，办公部分由连廊联系二期的研发中心

河南／中国   02/2010   郑州商品交易所技术中心方案设计

[转角形态推敲]

考虑到外观效果以及与小区的空间关系，取消道路交叉口的切角形态，通过体块穿插的形式减小建筑的体量感以呼应小区建筑。

原方案   深化后

河南／中国   02/2010   郑州商品交易所技术中心方案设计

[数据中心]

（1）共享休息厅 在办公部分每层设计一个通高的休息信息台，让上下层空间共享，形成人性化的舒适办公场所。
（2）中庭 为了有机的划分数据中心机房和办公个主要的功能区域，并且创造现代舒适的办公环境，采用三层通高的中庭设计。在采光天顶之下形成宽阔大气的空间。
（3）屋顶花园 在办公部分的顶层设有向的屋顶花园，让绿色和阳光渗透到办公空间。

河南／中国   02/2010   郑州商品交易所技术中心方案设计

[一期数据中心、备用大厅]

河南／中国   02/2010   郑州商品交易所技术中心方案设计

[一期数据中心、备用大厅]

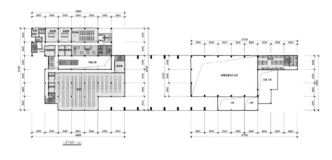

河南／中国   02/2010   郑州商品交易所技术中心方案设计

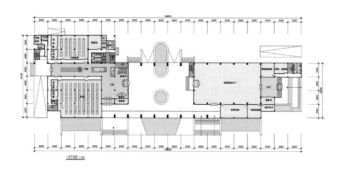

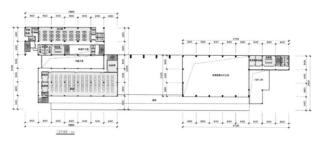

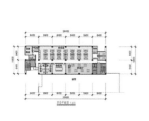

[设计说明]

● 运用理性、简洁、透明、现代的建筑形式，符合研发中心的建筑性格，形成统一、完整的建筑意象。有韵律感的窗结合局部玻璃幕墙创造出细腻的光影变化。

1、功能布局
（1）、南北通透隔板：将研发中心化整为零，形成若干南北通透的隔板，形成通风采光良好的办公空间。
（2）、围和式庭院布局：各办公楼之间形成围和式的庭院，使建筑处于绿色环抱之中，同时围和的空间形成良好的场所感。
（3）、贯连分隔：交通核设计在楼的端部，使空间具有可分割的灵活性。
（4）、共享休息厅：每两层设计一个通高的休息区，让上下层空间共享，形成人性化的舒适办公场所。
（5）、屋顶花园：在办公部分的顶层设有南向的屋顶花园，让绿色和阳光渗透到办公空间。

2、交通流线
由连廊连通办公楼，每个楼也可单独出入，充分满足整体和部分的便捷性。

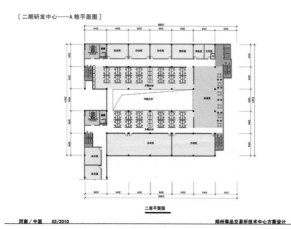

二层平面图

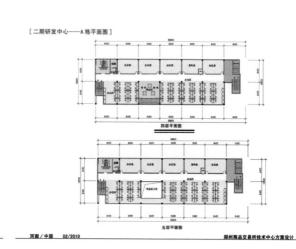

四层平面图

五层平面图

185

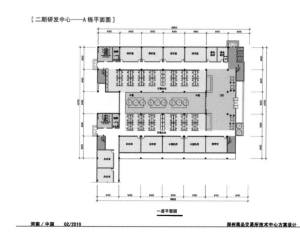

一层平面图

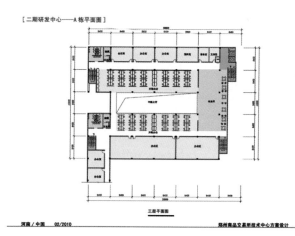

三层平面图

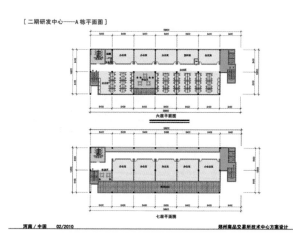

六层平面图

七层平面图

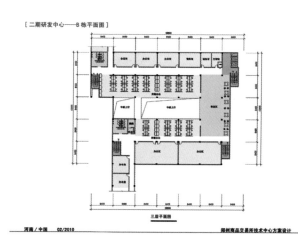

三层平面图

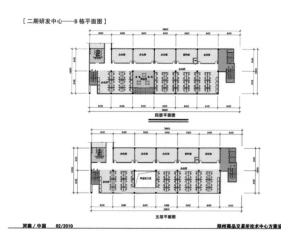

四层平面图

五层平面图

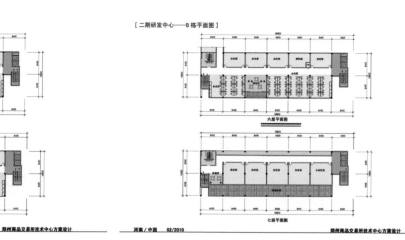

六层平面图

七层平面图

186　　　建筑设计快速入门

[二期研发中心——B栋平面图]

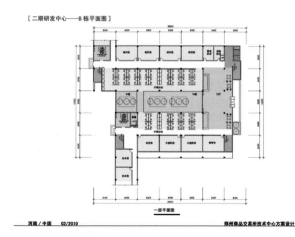

一层平面图

河南 / 中国　02/2010　　　　　　　　　　　　　　郑州商品交易所技术中心方案设计

[一期数据中心、 备用大厅　立面图]

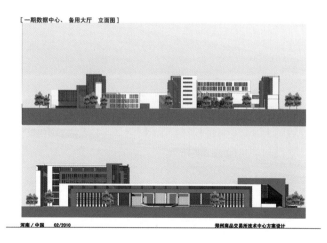

河南 / 中国　02/2010　　　　　　　　　　　　　　郑州商品交易所技术中心方案设计

[1-1 剖面图]

[2-2 剖面图]

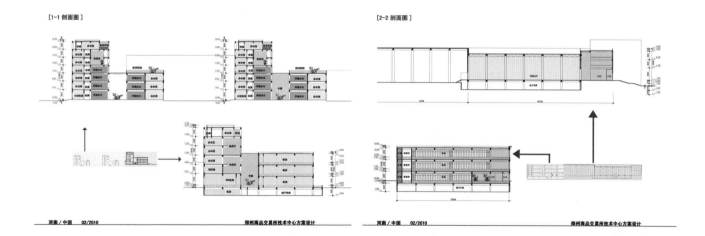

河南 / 中国　02/2010　　　　　　　　　　　　　　郑州商品交易所技术中心方案设计

河南 / 中国　02/2010　　　　　　　　　　　　　　郑州商品交易所技术中心方案设计

3
建筑方案设计与表达

景观设计篇

[景观整体策略]

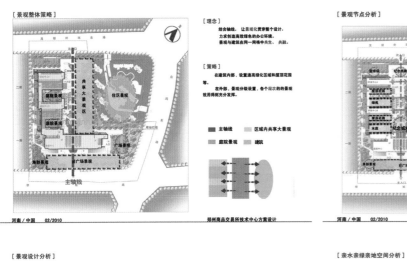

主轴线

[理念]

结合轴线，让景观化贯穿整个设计，
力求创造高效绿色的办公环境。
景观与建筑在同一网格中共生、共融。

[策略]

在建筑内部，设置通高绿化区域和屋顶花园
等。
在外部，景观分级设置，各个层次的的景观
效用得到充分发挥。

- 主轴线
- 区域内共享大景观
- 庭院景观
- 建筑

[景观节点分析]

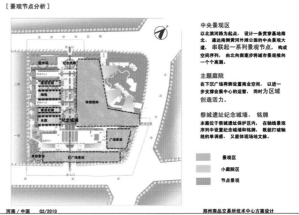

中央景观区
以北滨河路为起点，设计一条贯穿基地南
北、通达南侧黄河外滩公园的中央景观大
道，串联起一系列景观节点，构成
空间序列，由北向南逐步将城市景观推向
一个高潮。

主题庭院
在下沉广场两侧设置商业内容，以进一
步支撑会展中心的运营，同时为区域
创造活力。

祭城遗址纪念墙、铭牌
本案位于祭城遗址保护区内，在轴线景观
序列中设置祭城纪念城墙和铭牌，既能打破轴
线的单调感，又能体现场地地文脉。

- 景观区
- 小庭院区
- 节点景观

[景观设计分析]

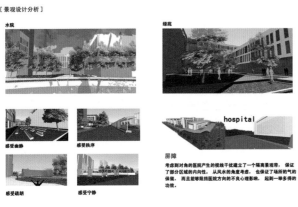

水院 / 绿苑

感受幽静 / 感受秩序 / 感受疏朗 / 感受宁静

屏障
考虑到对角的医院产生的视线干扰建立了一个隔离景观带，保证
了部分区域的内向性。从风水的角度考虑，也保证了场所的气的
保留，而且能够阻挡医院方向的不良心理影响，起到一举多得的
功效。

[亲水亲绿亲地空间分析]

将人与景观有机融合，构筑全新的空间网络。

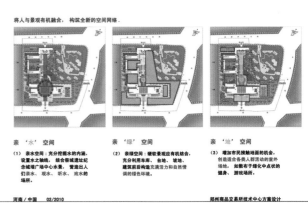

亲'水'空间
（1）亲水空间：充分挖掘水的内涵，
设置水之轴线，结合祭城遗址纪
念城墙广场中心水景，营造出人
们亲水、观水、听水、戏水的
场所。

亲'绿'空间
（2）亲绿空间：硬软景观有机结合，
充分利用车库、台地、坡地、
建筑前后构造充满活力和自然情
调的绿色环境。

亲'地'空间
（3）增加市民接触地面的机会，
创造适合各类人群活动的室外
场地，如散布于绿地中点状的
健身、游戏场所。

[景观空间的层次性]

[策略]

景观层次：建筑内部——庭院景观——中心景观
——区域景观——城市景观。
各层次之间互相渗透。

[1] 共融：建筑内部——室外景观

[2] 渗透：庭院景观-中心景观

[3] 对话：中心景观-区域景观

[4] 引入：区域景观-城市景观

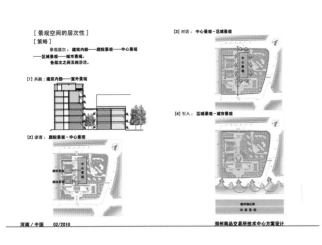

[轴线之"影壁"]

通过在主入口处设置视觉遮挡——"影壁"，改变原
有南北向过厅通道的视觉感受，同时成为景观中轴线上
蓄素的节点。

原方案 / 深化后

河南 / 中国　02/2010　　　　郑州商品交易所技术中心方案设计

建筑设计说明——清晰、简洁、高效、可持续性

一、概述

（一）城市解读
郑州，地处中华腹地，九州通衢，北临黄河，西依嵩山。全市总面积7446.2平方公里，人口735.6万人。是中国历史文化名城、中国八大古都之一、中国优秀旅游城市、国家园林城市、国家卫生城市、拥有得天独厚的自然与人文资源。是中华人文始祖轩辕黄帝的故里，商朝开国君主商汤所建的亳都，今河南省政治、经济、教育、科研、文化中心。

（二）地域文化提炼
郑州历史悠久。早在3600年前，这里就是商王朝的都邑，夏、商、管、郑、韩5次为都，隋、唐、五代、宋、金、元、明、清在此设州，是中国八大古都之一。已发现有距今8000年的裴李岗文化，距今5000年的大河村、秦王寨等多种类型的仰韶文化与龙山文化遗址。

（三）项目背景
1、区位及用地范围
项目建设地点位于郑州市郑东新区龙湖南区P-34地块北部。地块面积为82022.27㎡，建设用地面积为49771.98㎡，这里是郑东新区的重要区域，区位优越、景观优美、交通便利。

2、周边环境
（1）东侧：东风东路
（2）西侧：医院；
（3）南侧：祭城路，祭城路以南为熊耳河；
（4）北侧：龙湖外环东路；

3、基地分析
场地周边道路与正南方向呈约49度角，场地景观资源优越，比邻祭城路南侧的沿河绿化带，沿河景尽收眼底，北面紧邻小区，与小区景观相互渗透；

二、设计理念

（一）项目定位
1、能够提升城市形象和影响力的、一流的、现代化的、国际性的商品交易技术中心；
2、将成为郑州乃至中部地区的具有代表性的标志性建筑之一；

（二）设计指导思想
1、灵活安排备用交易大厅、数据中心、研发中心、配套设施、入口广场以及内部景观等各方面的功能要求；
2、与既有环境相和谐，尊重并呼应周边建筑，处理好与城市道路、沿河景观的轴线关系，增强场所感；
3、提升城市形象，创造良好的城市环境，保持开阔的室外空间和宜人的休息空间；
4、与周边景观协调发展，特别是与河岸环境、附近的景点联系起来，形成更加吸引人的焦点地段；
5、保持交通进出顺畅，特别是处理好各种的人流、车流关系，各功能区域之间的便捷联系；
6、考虑到可持续发展的需要分期建设，二期预留发展空间，使本中心能随未来社会发展，不断作出适应性调整。

（三）潜力最大化原则
期货交易数据处理、灾害备份、技术研发是技术中心最重要的功能。因此通过合理的规划与设计，实现数据处理的不间断性、效率的最大化以及应急情况应对，是技术中心设计的重要目标。
因此在规划和建筑设计上，我们需要做的工作是：
1、以一年使用365天为目标；
2、设计多用途的备用交易大厅，使之具有灵活适应性；
3、创造充满活力、亲近宜人的工作及景观环境以提高研发人员的工作效率；
4、在建筑设计上，将地域文化融入其中，充分展现一种民族性和国际性的形象。

（四）文化——黄河文化的提炼与升华
作为一个现代化的、富有创造力的城市，郑州提供给我们大量的创作元素：黄河、嵩山、黄帝故里、商都文化……
我们对这些元素进行深入的提炼，将其深层次的内涵赋予城市及建筑本体。

三、规划设计

（一）主体规划结构：两轴两带多点
1、"两轴"
用地南部为沿河景观带，因此在基地内部设计了一条南北向贯穿整个用地的景观主轴，并在此基础上，将一期备用交易厅与数据中心分置东西两侧，二期研发中心沿轴设置，并在中间自然的形成良好的开放性广场，起到整合用地内各部分的作用；另用地北部小区由于居住建筑的正南北朝向格局形成另一条次轴，呼应两者关系并相互借景，着力处理主次轴的交点。

2、"两带"
依据功能要求和对周边环境的分析，在沿祭城路一侧设计了与沿河景观相呼应的广场景观带，在场地内部沿主轴布置了由建筑围和形成的休闲景观带；

3、"多点"
沿着主轴线在两个景观带之间辅以形式丰富的景观节点、功能节点，由此形成了点线面结合、两轴两带多点的主体规划结构。

（二）功能分区
本规划中功能结构分区的核心理念是：分区明确、各具特色、有机联系。

1、分区明确
按照规划要求，用地由南向北分为一期和二期两个部分，由西向东形成数据、研发区和交易三个区域。
其中，备用交易厅由于相对外向的功能要求，设置在用地的东侧，在道路交角形成开放的形象；研发中心位于用地内部西侧，数据中心位于研发中心和交易中心之间，更便于三者的有机联系。同时一期部分沿城市干道展开，形象展示面及景观的延展展示最好。同时，主入口面向沿河景观带，提升了本中心的档次。

2、各具特色
针对功能、性质、服务人群的各自不同，三个功能分区无论从空间层次、建筑尺度、交通流线，还是景观设计，都给予了符合其各性格的不同设计和处理。

3、有机联系
三个功能分区虽然在实体上是各自分离的，但是又通过中心的景观主轴线、空间渗透、以及景观视廊的配合下，取得了有机的联系。

（三）交通流线系统
1、外部交通系统
基地东临东风东路，南临祭城路，北临龙湖外环东路，它们形成了本项目的主要外部车流来向。

2、机动车交通规则
为减少机动车造成的环境污染和安全隐患，我们在交通设计中建立了人车分流的道路交通规划体系。两个机动车出入口分别设在基地东北侧的龙湖外环东路，以及南侧的祭城路。车行沿地界周边呈环状布置，车辆进入基地后将进入地上／下停车库，从而实现人车分流的高品质场地环境。

3、基地内人流步行系统分析
基地在南侧中心部位设置人行主入口，北侧中心部位设置人行次入口。并沿主景观轴线设置广场和景观点，内部建筑之间由全步行的绿化、广场相连。

4、基地内停车场库规划
停车场库规划主要采取两种方式解决机动车的停放。
（1）集中式地下停车：集中式地下停车主要集中在基地西侧数据中心的地下空间，能够解决75辆机动车的停车问题。
（2）地上停车场停车：为保证中央广场的景观延续性，沿基地外围，结合建筑退台形成的场地设置地上停车

位，能够解决155辆机动车的停车问题。 车位不仅紧邻城市道路，而且掩映于树荫之中，既可便用，又减少了车辆对于环境的影响。
（四）空间肌理
空间肌理是城市空间形态的二维反映， 是体现街区地方性最重要的因素， 延续它们是保持空间形态认同感的重要手段。 基地所在位置的城市肌理有着较大的缩放了流线， 达到了对土地的高效利用。 一方面沿能街城路东西向展开， 与南北向呈一定角度； 另一方面延续基地北侧的住宅基层正东西向趋势。 事实上， 项目用地西侧的医院以及用地周边的道路， 都已经规定了较规整的空间肌理走向。 而采取了尊重区域肌理的态度， 将建筑平行于道路和河岸布置在基地内， 以取得和环境、场地的和谐与对话。
（五）空间形态
备用交易厅和数据中心依东西两侧布置的方式， 既使基地内公共活动空间得以最大化， 也保证了集中广场的完整和通畅性； 建筑之间的恰当的距离、 建筑端部柱列形成的灰空间、 以及入口广场、 下沉广场的设置， 也增强了基地内部的围合感和场所感。
此外， 竖向的数据中心和水平展布的备用交易厅组合在一起， 形成了丰富变化的天际线， 创造了良好的城市景观。
四、 建筑设计
（一）备用交易厅设计
1、 功能布局
（1）集中式布局： 备用交易厅采用了集中式布局， 尽可能让出大片集中空地作为广场， 提高了场地的活力。 紧凑的布局形成也极大的缩短了流线， 达到了对土地的高效利用， 也能大大降低建造成本， 并有利于建设的可持续性发展。 同时， 紧凑的布局有利于形成更加鲜明的建筑形象， 突出建筑的标志性， 丰富备用交易厅街形象。
（2）水平分区： 根据交易厅内部功能对层高度要求的不同采用水平分区的方式布置， 交易大厅的高空间在高度上与办公区的两层空间高度形成一致， 保持体量的完整鲜明。
（3）交易大厅采用无柱空间， 使用效率最大化。
2、 交通流线
主要出入口位于用地的东侧和南侧， 使相对公共性的交易厅与数据、 研发中心在空间上区隔， 流线上互不扰。
3、 建筑形态
"形式不是突发奇想的结果， 而是创造一个诚实合理的结构"。 形式不是肤浅的，结构也不是封闭的，而是浑然一体、 相互支持。 针对交易厅的大空间要求， 采用了空间桁架结构， 在功能和形式之间取得了最佳的平衡。
同时， 合理的结构形式也使结构用料大大减少， 大大降低了建筑造价。
建筑造型简洁现代， 柱廊和挑檐在阳光的照耀下富于阴影变化， 具有非常强烈的韵律感和表现力。
（二）数据中心设计
1、 功能布局
（1）中庭： 为了有机的划分数据中心机房和办公两个主要的功能区域， 并且创造现代舒适的办公环境， 采用三层通高的中庭设计， 在采光天顶之下宽敞大气的中庭空间。
（2）共享休息厅： 在办公部分每两层设计一个通高的休息区， 让上下层共享， 形成人性化的舒适办公场所。
（3）屋顶花园： 在办公部分的顶层设有南向的屋顶花园， 让绿色和阳光渗透到办公空间。
2、 交通流线
主要出入口位于用地的西侧和南侧， 与交易厅在空间上区隔， 内部通过中庭分隔机房和办公的人流，办公部分由连廊联系二期的研发中心。
3、 建筑形态

结构设计说明

1、 设计依据
（1） 现行的建筑结构有关的设计规范及行业标准
《建筑结构可靠度设计统一标准》 （GB50068-2001）
《建筑工程抗震设防分类标准》 （GB50223-2008）
《建筑结构荷载规范》 （2006年版）（GB50009-2001）
《建筑地基基础设计规范》 （GB50007-2002）
《建筑抗震设计规范》 （2008年版）（GB50011-2001）
《混凝土结构设计规范》 （GB50010-2002）
《钢结构设计规范》 （GB50017-2003）
《地下工程防水技术规范》 （GB50108-2001）
《建筑桩基技术规程》 （JGJ94-2008）
《砌体结构设计规范》 （GB50003-2001）
（2） 结构图集及全国统一技术措施。
（3） 地质勘察资料
2 设计原则
（1） 结构设计应做到安全适用、 技术先进、 经济合理、 方便施工。
（2） 混凝土结构应满足结构在施工及使用期间的强度、 刚度、 稳定性及耐久性要求。
（3） 建筑及结构构件的安全等级均按二级设计， 结构构件的重要性系数为1.0
（4） 结构设计考虑地震的影响， 抗震设防烈度为7度， 地震加速度为0.15g， 抗震设防类别为丙类。
（5） 设计使用年限为 50 年
（6） 风荷载： 基本风压为 0.45KN/m2
（7） 雪荷载： 0.4 KN/m2
3、 荷载取值
（1） 使用荷载
办公室、 会议室： 2.0KN/m2
门厅、 走廊： 2.5KN/m2
卫生间： 2.5KN/m2
交易大厅： 3.5 KN/m2
楼梯间： 3.5KN/m2
通风机房、 电梯机房： 7.0KN/m2
地下车库： 4.0KN/m2
阳台： 3.5KN/m2
库房： 5.0KN/m2
上人屋面： 2.0KN/m2
不上人屋面： 0.5KN/m2
（2） 恒荷载
混凝土容重： 25KN/m3
钢材容重： 78KN/m3
填充墙材料： 加气混凝土砌块 6KN/m3
陶混凝土空心砌块 8KN/m3
以上均按规范要求的荷载取值， 如有特殊荷载要求， 应由甲方提供。
4、 结构体系
（1） 本工程为钢筋混凝土框架结构， 框架抗震等级均为三级。
（2） 楼面结构体系为普通梁板式结构

数据中心的机房部分与东侧的交易厅相互呼应， 形成均衡的体量关系， 寓意交易的公平， 并且抽象提炼了天平的意向。
（三）研发中心设计
1、 功能布局
（1） 南北通透薄板： 将研发中心化整为零， 形成若干南北通透的薄板， 形成通风采光良好的办公空间；
（2） 围和式庭院布局： 各办公楼间形成围合式的庭院， 使建筑处于绿色环绕之中， 同时围和的空间形成良好的场所感。
（3） 灵活分隔： 交通核设计在楼的端部， 使空间具有可分割的灵活性；
（4） 共享休息厅： 每两层设计一个通高的休息区， 让上下层共享， 形成人性化的舒适办公场所。
（5） 屋顶花园： 在办公部分的顶层设有南向的屋顶花园， 让绿色和阳光渗透到办公空间。
2、 交通流线
由连廊联通各办公楼， 每个楼也可单独出入， 充分满足整体和部分的便捷性
3、 建筑形态
运用理性、 简洁、 透明、 现代的建筑形式， 符合研发中心的建筑性格， 形成统一、 完整的建筑意象。 有韵律感的窗格布局部玻璃幕墙创造出细腻的光影变化。

五、 景观设计

（一）景观设计原则
1、 点线面相结合的景观构图： 点元素经过相互交织的道路等线性元素贯穿起来， 点线景观元素使得区域的空间变得有序。 线与线的交织与碰撞形成成面， 面是景观汇集的高潮。
2、 将人与景观相结合， 构建全新的空间网络。
（1） 亲地空间， 增加人接触地面的机会， 创造适合各类人群活动的室外场地， 如散布在绿化中点状的健身、游戏场所。
（2） 亲水空间， 充分挖掘水的内涵， 结合跌水广场， 营造出人们亲水、 观水、 听水、 戏水的场所。
（3） 亲绿空间， 硬软景观应有机结合， 充分利用建筑前后构造充满活力和自然情调的绿色环境。
（二）景观节点设计
1、 中央景观区
以入口广场为起点， 设计一条贯穿基地的中央景观区， 串联起一系列景观节点， 构成空间序列， 由南向北逐步将景观推向一个个高潮。
2、 下沉广场——水的广场
在景观主次轴相交的部分设置跌水广场， 形成基地中一个生态的、 可持续的景观核。 此外在视线上， 水广场可一直延续到交易厅地下的空间， 内外交融， 更加丰富广场的视觉形象。
3、 主题庭院
在数据中心、 研发中心围和的庭院中进行主题化设计， 使得匀质空间中实现差异化， 使环境更为活泼宜人。

（3） 交易大厅屋顶为网架结构
（4） 基础为钢筋混凝土筏板基础。
5、 主要材料
（1） 混凝土： 基础： C30， 基础垫层： C15
主体结构： 均为C30
二次结构： 均为C20
地下室部分抗渗等级均为P6

（2） 钢筋： 直径6、 8、 10的钢筋为HPB235级； 直径12、 14的钢筋为HRB335级； 其它直径的钢筋均为HRB400级。

技术设计说明—设备专业

1 设计依据
1.建设单位提供的设计招标文件等要求
2.中国现行设计规范、 措施、 标准等：
《建筑给水排水设计规范 GBJ50015-2003》
《二次供水设施卫生规范 GB17051-1997》
《建筑设计防火规范 GBJ50016-2006》
《高层民用建筑设计防火规范 GB 50045-95》 （2005版）
《人民防空地下室设计规范 GB50038-2005》
《电子信息机房设计规范 GB50174-2008》
《汽车库建筑设计规范 JGJ100-98》
《自动喷水灭火系统设计规范 GB20084-2001》 （2005版）
《气体灭火系统设计规范 GB50370-2005》
《建筑灭火器配置设计规范 GB50140-2005》
《采暖通风与空气调节设计规范 GB50019-2003》
《公共建筑节能设计标准 GB50189-2005》
《城市区域噪声标准 GB3096-93》
《环境空气质量标准 GB3095-96》

2 设计范围
1.室内给水、 热水、 雨污水、 消防给水系统
2.通风、 空调、 防排烟、 采暖系统

3 给排水
1.给水系统
1.1 生活冷水给水系统
1 水源
采用市政管网， 供本工程室内和室外用水。
2 室内生活给水供水系统
由红线内供水管网引入供给室内各用水点。 生活给水采用高、 低区分区供水， 在地下室的给水泵房设生活调节水池及变频泵组。

3) 地下人防部分战时用水按人防等级另行设计。
1.2 中水系统
本工程采用市政中水，中水分离、低区分区供卫生间冲厕（车库冲洗地面、绿化、水景用水）。
在地下的给水泵房房设中水调节水池及变频泵组。
1.3 生活热水系统
1 本工程采用集中式热水供应系统。
2 可考虑集中办公公区供应洗手热水。
1.4 消防给水系统
1 消防用水量：室内消火栓用水量15L/S，室外消火栓用水量25L/S。
2 室内消火栓系统
a. 消防水量由本地区内消防水池提供。在最高建筑物顶部内设18m3消防水箱。室内消火栓给水系统设地上式消防水泵接合器二个，流量为15L/S，负责室外消防给水为环状形。
b. 室内消火栓的间距为30m，消火栓的栓口直径为65mm，水带长度25m，水枪喷嘴口径19mm，水枪充实水柱不小于10米，每支水枪流量为5升/秒。消火栓箱下部配手提式磷酸铵盐干粉灭火器。
c. 消火栓安装于楼梯间、各走道的明显地点以及大面积的设备用房内。保证同层相邻两个消火栓的水枪充实水柱同时到达室内任何部位。屋顶水箱间设一个装有显示装置检查用的消火栓。
d. 消火栓箱内配置有消防按钮，击碎时打碎玻璃开启消防按钮直接向消防控制中心报警启动消火栓系统水泵。一般在消火栓箱边放有火灾报警器。当火灾时，也可打碎玻璃按动按钮直接向消防控制中心报警。
3 室外消火栓系统
小区设给水环状管网，该管网由市政引来两路DN200~DN300给水引入管，各单体由该环网接管入户。该网设室外消火栓，负责室外消防用水。
1.5 自动喷水灭火系统
a. 本工程所有低于8米的部位除了不宜用水扑灭火灾的房间外，均设置自动喷水灭火系统。
b. 系统按中危险级设计，喷头布置：正方形布置的边长为3.4m，矩形或平行四边形布置的长边长为3.6m，喷头与端墙的最大距离为1.7m，一只喷头的最大保护面积为11.5m2；其余均为I级，喷水强度6L/min.m2，作用面积160m2，喷头间距正方形布置的边长为3.6m，矩形或平行四边形布置的长边长4.0m，喷头与端墙的最大距离1.8m，一只喷头的最大保护面积12.5m2。车库采用预作用灭火系统，按中危险级II级设防。系统按防火分区设置，水量为26L/S，火灾延续时间为1小时。每个防火分区的各层设置水流指示器。
c. 报警阀组分设于各保护区域。
d. 喷头作用温度按不同建筑设计用途而定。餐饮厨房和高温作业的地方选用93℃玻璃球闭式喷头，其它地方选用68℃玻璃球闭式喷头。
e. 无吊顶场所采用直立型喷头，有吊顶时采用吊顶型或下垂型喷头，顶板为水平面的中I级时可采用边墙型喷头。净空高度超过800mm的闷顶内及技术夹层内有可燃物时，吊顶内增设直立型喷头，宽设通透性吊顶的场所。喷头上方有孔洞、缝隙，在喷头上方设置集热挡水板。当风、风道、成排布置的管道、桥架等障碍物宽度大于1.2m时，其下方增设喷头。所有增设的喷头均不计入总水量。
f. 喷头流量系数K=80。会议厅、仓储用房等采用快速响应喷头。
g. 系统设地上式消防水泵接合器两台，每个流量为15L/S。接合器型号需由当地消防部门协助提供。
1.6 其它灭火系统
本工程的电子信息机房与UPS机房采用七氟丙烷（FM200）气体灭火系统。
1.7 灭火器设置
a. 本工程所有区域均设置灭火器，灭火剂均采用干粉磷酸铵盐。
b. 本项目的会议、设备用房、办公等区域按中危险级A类配置灭火器，手提灭火器最大保护距离为

空调凝结水排向拖布池等清污水管道，间接排放。
5. 主要区域空调通风系统
1 办公等部分采用VRV室内机加新风换气机，将室外新鲜空气送入室内，将室内污浊空气排向室外。
2 电子信息机房等采用恒温恒湿空调系统。
3 卫生间、复印室等设置直流式排风系统，将污浊空气排向室外，普通卫生间采用上部百叶自然压入，百叶连锁的补风道上设电动阀与排风机连锁启停；标准较高且面积较大的卫生间设与排风机连锁启停的专用送风机及电动阀。
4 根据不同房间特点采用适宜的气流组织，分别采用侧送、顶送等形式。
5 充分考虑各区域空气压力梯度及风量平衡，会议、办公等处为正压，走道等为零压，卫生间、复印室等处保持负压。
6 变配电室采用直流送风系统，充分利用室外补风降温。
7 厨房排风集中设置，排风应经过油烟净化装置处理后再集中排放，且并保持室内负压。
6. 防、排烟系统
1 地上房间采用可开启窗自然排烟。
2 机械排烟系统
a. 设机械排烟系统的主要位置有：不能满足消防要求的内走廊及大于五十米的地下房间设消防排烟系统。排烟风机选用耐高温消防排烟风机。一旦发生火灾，由消防控制中心或人工打开排烟风管上的常闭排烟口和耐高温排烟风机进行排烟，将烟气排至室外，当烟气温度达到280℃时，设在耐高温消防排烟风机前端的280℃关闭并带防烟信号排烟自动关闭，耐高温排烟风机关闭。地下车库排烟和补风系统按防烟分区设置，排烟/补风量按每小时6/5次换气设计。排烟与平时通风合用风机，分别设置风道，消防时总用风道打开常开的电动风阀，火灾时由火灾探测器报警系统和消防控制室同时关闭。通风总风道上设置常闭的排烟阀，就地手动和火灾自动报警系统，消防控制室打开并联锁打开排烟风机和补风机。
b. 排烟口（或排烟阀）设有手动和自动开启装置，由消防控制室控制并与排烟风机联锁。
3 通风系统防火措施
a. 排烟风机入口处、垂直于各层水平风道交接处，及穿越防火分区的排烟管道设280℃熔断的防火阀。风机入口处设防火阀与风机联锁，防火阀均有电信号引至控制室。
b. 风道穿越防火墙、设置防火门的机房变配电室重要房间，以及垂直风道与每层水平风道交接处，设70℃熔断的防火阀。穿越防火分区的防火阀均有电信号引至消防控制室。
7. 采暖系统
   1) 采用市政热力，2）或小区内换热站供暖。
   3) 采暖措施：办公及交易大厅采用地板辐射采暖系统，4）交易大厅等高大空间采用地板辐射采暖系统。办公区等房间采用散热器采暖系统。采暖按规范设计。
五 噪声治理措施
1. 噪声治理措施，按国标GB3096-82执行。
2. 空调机组及新风机组设置在独立的房间内。
3. 机房设隔音门，重要部位的送、排风管道均设有消声器，风机与风机基础间均做隔震。
4. 房间做消声、隔声处理。
5. 管道连接处做软接。
6. 风机尽量设在罩内不外露。
六 卫生防疫
1. 本工程各空调房间均满足规范要求的新风量。
2. 各功能不同的房间送、排风系统，尽可能分开设置，以避免空气交叉污染。
3. 市政给水经消毒处理达标后，送至各层使用。

20米，单具灭火器最小配置灭火级别为2A，故每点配置2具3Kg贮压式磷酸铵盐灭火器，型号为MF/ABC3。
d. 高低压配电室按中危险级E类配置磷酸铵盐灭火器，推车式灭火器最大保护距离24米，每点配置2套20Kg推车式磷酸铵盐灭火器，型号为MFT/ABC20。一个别电气间房配置2具5Kg手提式磷酸铵盐灭火器。型号为MF/ABC5。
e. 所有放置室内消火栓的部位，均设有手提式灭火器，如保护距离不够，在其它处增设。
2. 排水及雨水系统
   2.1 排水系统
1 采用污废分流制，排水经室外市政污水管引向城市污水处理厂
2 各生活排水设集水坑，经泵提升后排向室外。
   2.2 雨水排水系统
1 屋面及露天平台均设雨水排水口，雨水为内外结合式排水系统，接入室外雨水管道或室外散水处。
3. 节水措施
1 所有卫生器具配件均采用节水型。
2 各主要用水的给水总供水干管上均设置水表，便于计量用水量。
4. 监控要求
1 给排水设备采用就地（或中控室远距离自动控制）监测主要设备的运行状态和故障，进行高低水位报警等。
2 消防给水系统进行自动监控。

4 通风、空调、采暖、动力
1. 室内设计参数及设计标准

房间名称	温度	相对湿度	新风量	排风量或新风小时换气次数	噪声限值
	?℃	%	m3/h·人		NR
大、中会议厅	25 ≤65	25			35
电子信息机房	24	50			25
办公室	25 ≤65	30	35-40		
交易大厅	25 ≤65	25	45		
复印室	/	/		10次	10次
变配电室	/		按发热量	按发热量	
卫生间	/	/		10次	10次

2. 主要区域空调通风方案

建筑物类型	空调通风及采暖方案
办公、会议室等	VRV空调系统＋采暖＋可加湿的可热回收新风换气系统
电子信息机房和UPS机房	恒温恒湿空调系统＋新风换气系统＋气体灭火下排风直流通风系统
弱电机房	独立冷源分体式空调器
电梯机房、变电室	直流空调系统
库房等附属用房	无窗房间送新风（排风）＋采暖
设备机房	直流通风系统

3. 空调冷热源
1 空调冷源：办公及大堂采用VRV空调系统，室外机设于屋顶。数据中心电子信息机房采用恒温恒湿空调系统，室外机设于屋顶。
4. 空调水系统
1 凝结水系统

技术设计说明—电气专业

1. 变配电系统
本工程为一级负荷用户。从上级变电站引来二路高压电源，一级负荷设备采用双电源供电，末端自动切换。特别重要负荷设采用柴油发电机组和集中式蓄电池作为应急电源。
本工程拟在地下一层设1个变电所和1个柴油发电机房，负责向整个园区供电。采用高压计量。
重要信息机房内供电线路两路设置，一用一备；各供一路UPS，每路UPS输到机房机柜，进行双路供电。
2. 动力系统
低压配电系统采用～220/380V放射式与树干式相结合的方式。低压配电系统的接地形式为TN-S，采用总等电位保护措施，设漏电火灾报警系统。
3. 照明系统
照明系统除正常照明、夜间泛光照明外，还设置值班安全照明和应急照明。在内疏散走道和主要疏散路线的地面上设能保持视觉连续的蓄光型疏散指示标志。
4. 综合布线系统
综合布线系统主要涉及电话通信网、数据通信网和计算机互联网络。完成语音、数据、图文、图像的接收、存储、处理、交换、传输等功能，符合信息系统向数字化、综合化、智能化发展的方向。
数据中心和备用大厅内综合布线系统采用有线网络和无线网络相结合的方式。
从市政引来通讯光纤，在地下一层设电信通信网络中心及交换机房，以满足内部通信的需求。
5. 闭路电视系统
闭路电视系统由有线电视信号和自制的节目组成，通过闭路电视系统播发内部新闻、相关节目录像。从市政引来有线电视信号，在地下一层设弱电机房。
6. 火灾自动报警系统
本工程为一级保护对象。根据规范要求设置集中式火灾自动报警系统。
在首层设消防值班室。
分别在电梯前室、内走廊、地下车库等场所，根据火灾的特征设置感温探测器、感烟探测器，在大空间的场所设置红外光束感烟探测器。
在联动控制上，对消火栓泵、自动喷淋泵、加压送风机、排烟风机，即可通过现场模块进行自动控制也可在联动控制台上通过硬线手动控制，并接收其反馈信号。由消防控制室在火灾确认后可切换非消防电源。
7. 广播系统
公共广播系统包括用于播放背景音乐的服务性广播，火灾时引导人员疏散的强制切换的火灾应急广播。在首层消防值班室内设广播系统主机。
8. 安全防范系统
安全防范系统由视频监控系统、入侵报警系统、电子巡查系统、出入口控制系统、紧急报警系统的集成组合。保安监控中心与首层消防值班室合并设置。
在数据中心、备用机房等场所均设置视频监控系统。
数据中心内的重要机房设入侵报警系统，设置门磁、窗磁传感器、玻璃破碎报警器、微波被动红外双鉴报警器等电子防护措施。入侵报警系统联动控制相关部位的摄像机、警笛等装置。
9. 建筑设备监控系统
建筑设备监控系统（BAS），采用直接数字控制技术，对全楼的给水、排水、冷水、热水系统及设备、公共区域照明、空调设备及供电系统设备进行监视和节目控制。
在首层设监控中心，与消防控制室合用，对全楼的设备进行监视和控制。
10. 车库管理系统
分别在地下车库设停车场管理系统。
采用影像金鉴别系统，对进出的内部车辆采用车辆影像对比方式，防止盗车；外部车辆采用临时出票方式。
11. 无线通信信号覆盖系统
由于数据中心、备用大厅手机用户比较集中，超出一般基站所能提供的手机用户容量，造成通话困难，同时为改善无线信号传输质量，设置微蜂窝基站和室内覆盖系统。

3.2.2　住宅设计文本

住宅设计的方案文本从使用要求来说分为不同的类型，概念设计文本，产品定位、概念规划、户型和景观品质是文本最主要的内容。常规的住宅区规划与建筑设计文本，开发公司最为关注的是地块的最大收益率，也就是按照规划条件地块能规划出的最大建筑面积数，另外产品的户型面积和各种户型的比例也很重要。另外一种是报规要求的住宅设计文本，一般是设计内容要符合各种规划条件的要求，不同地方的规划部门对建筑立面形象也有不同要求，特别是沿街的住宅和商业。下面就列举一下常规的住宅设计文本的内容。

目录

· 封面

规划篇

· 项目概况

· 基地现状

· 规划总平面

· 产品分布图

· 交通消防分析

· 景观视线分析

建筑篇

· 建筑设计构思

· 建筑形象设计

· 住宅户型特点

· 情景洋房形象

· 情景洋房平立剖面

· 复式叠拼形象

· 复试叠拼平立剖面

· TOWNHOUSE 形象

· TOWNHOUSE 平立剖面

· 高层 1 建筑形象

· 高层 1 平立剖面

· 高层 2 建筑形象

· 高层 2 平立剖面

· 高层 3 建筑形象

· 高层 3 平立剖面

· 商业建筑形象

· 商业建筑平立剖面

科技篇

· 被动式节能

· 节能建材

景观篇

· 环境功能分析

· 立体景观

· 植物配置

· 景观水体

· 硬质铺装

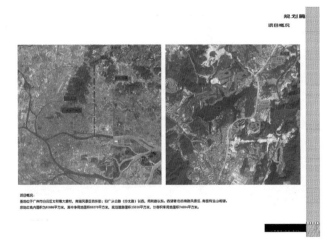

项目概况：
基地位于广州市白云区太和镇大源村，南湖风景区的东部；归厂从公路（沙太路）以西。西和路以东。西望著名的南湖风景区，南面有沙山相望。
总地红线内面积为81686平方米，其中净用地面积66370平方米，规划道路面积15316平方米，计容积率用地面积74604平方米。

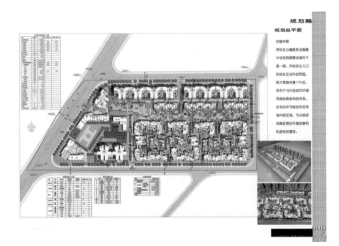

规划布局
将社区公建服务设施集中设置在西侧靠近城市干道一侧，并给生主入口形成城区对外的界面。既方便居民生活区，有利于场外居城市环境形成的居住和谐关系。住宅单元可做安排使用地内组团区域，可以满足居民对环境安静和私密性的要求。

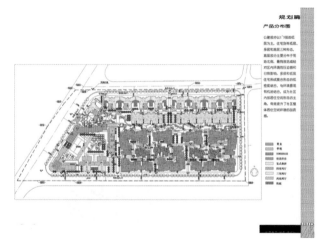

公建是分以门楼的低层为主。住宅则有低层、多层和高层三和布点。高层和公建的公共区分布于中心主化区，最集的连锁对区内环境的压迫感和压迫移动，多低和低层住宅布局主要分布的低密度板块，每环境都有化的安静，成为社区内部居住空间布局的主角，有效提升了社区体验设计环境质的品质。

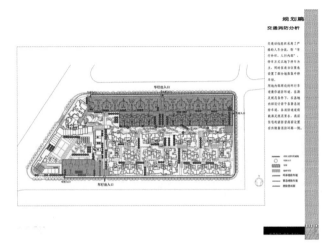

车行出入口

车行出入口

交通消防线组织是实了严格的人车分流，即"车行开外，人行内部"，停车方式以地下停车为主，同时也适当设置了地面分散集中停车场。地内有规则的所行穿道在环境好，主通又具有条件下，在基地内部设计分下各聚道通过行车道，基本消通道规数最近其聚道。高层住宅也设置消防登车面，在开敞景活区对边一侧。

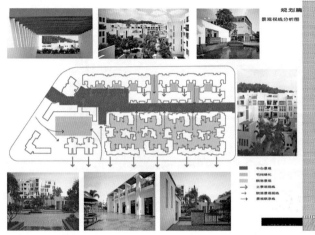

建筑设计构思

建筑设计主要构思理念:

1) 充分利用和发掘基地周边的自然资源优势,同时优化建筑与外部空间的关系,塑造建筑与环境层级和谐统一的整体;

2) 通过"有机规划"的理念组织各种不同类型和密度居住产品进行有序的排布和组织,使其共同构成一个多元复合的整体社区形态,体现出的丰富人群的需求;

3) 力求在产品设计中进行多种创新表现。

4) 在尊重居住物理需求的同时对生态环境进行合理的协调与维护。在邻里空间的安排、采光、私密性的组织等多方面进行积极的回应与调整;

5) 在最终建设成本和实施性的前提下,力求节省环保措施以进一步达到节能降耗的效果。

6) 在建筑整体形象与良好的居住氛围、建筑形象形成统一;建筑的风格与讲求,围绕"居住的风格"设计为主线来表达主旨,明快的色彩与材质表达,加之建筑与景观的有机互动,呈现出一幅崭新的、充满活力的生活画卷。

建筑形象设计的特点首先体现为社区的整体感——建筑形体组合高低起伏的错落感,为社区形象勾勒了丰富的天际线。而统一而建筑风格又使社区形象在丰富之中确立了鲜明的特色和整体性。建筑立面设计立足于广州地区气候特点的充分考虑,建立里适合当地的建筑形式。通风、遮阳、私密性等方面的处理,实现功能性与艺术性的完美统一。立面材料以现代西班牙式为基调,以生动明快的材质运用和色彩的强调赋建筑的功能与美感。西班牙"灰、橙、白、黄、赭、褐"的色彩运用,在丰富的设计中融入人情化设计元素,力求形成丰富、和谐、融洽并具有明显情感倾向的建筑表情,同时创造调与外部环境的协调统一,从而充分体现高人文和社区的的精品感。

住宅户型特点

1、住宅产品的多样性:
本项目的住宅产品包含了多种类型,由板式高层、点式高层、台阶情景洋房、高层底情景洋房、联排别墅、叠拼别墅等,共同构成一个富有特色的产品系列,使社区空间形态丰富之中呈现出多元性与多样性。

2、住宅建筑设计特点:
住宅设计技术及户型设计,力求在装饰实用、舒适的同时设计都具有特色,在各种居住产品自身的独特性。高层住户型菱窗宽大,南北通透多数带入户花园或空中花园,而主景居住空间的景优美,情景洋房的采光通风良好,充足的居住空间,宽景通透户型的朝南向,而使庭院采光、情景房、空中花园、露台等,多样的户型设计和划且在经济住宅中央居住和划整空间得到其区隔空间的有机互动,北阔的底层景观情景洋房布置"包庭"空间的整体景观及时的独特个性得到了高品质住宅户型的空间待遇;西南朝向的台式情景洋房或与排拼居室一同构成了户型多种,尺度宜人,有机融合的室外生活场所。联排别墅和联排叠加户型围绕过道与丰富的室内外空间贯通,最大程度地实现了产品的特异性。室外露台,入户内外共享空间以及不同净高和私家的空间一并构成成就业主产品的舒适乐趣。

类别	类型	建筑面积(平米)
z1-1a	四房两厅	141.24
z1-1b	四房两厅	139.92
z2-1a	四房两厅	163.24
z2-1b	四房两厅	142.50
z3-1a	四房两厅	147.85
z3-1b	四房两厅	167.53
z5-1a	四房两厅	143.54
z5-1b	四房两厅	147.07

一层平面图

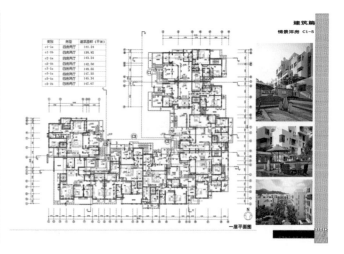

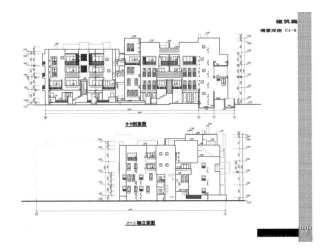

H-H剖面图

X-X轴立面图

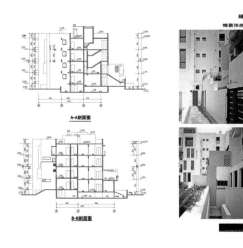

A-A剖面图

B-B剖面图

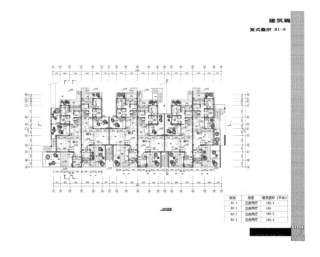

一层平面图

类别	房型	建筑面积（平米）
B1-1	五房两厅	182.4
B2-1	五房两厅	185
B3-1	五房两厅	180.5
B4-1	五房两厅	183.5

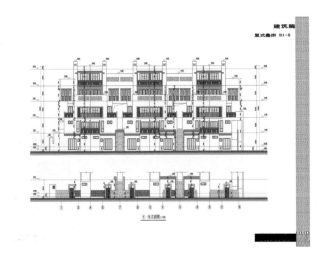

1-9 正立面图1:100

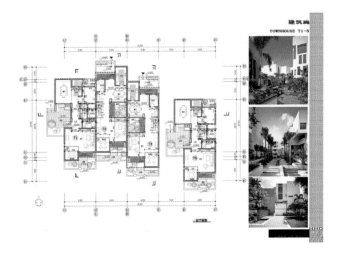

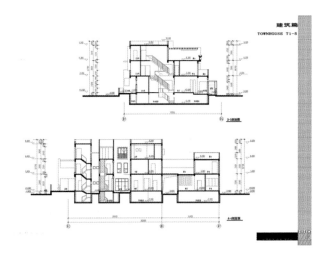

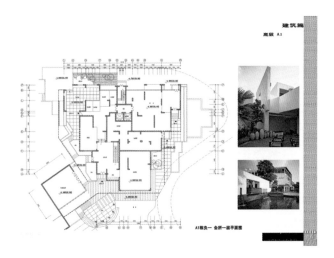

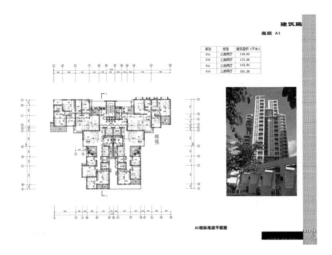

类型	房型	建筑面积（平米）
A1a	三房两厅	110.83
A1b	三房两厅	113.26
A1c	三房两厅	115.94
A1d	三房两厅	101.28

A1栋标准层平面图

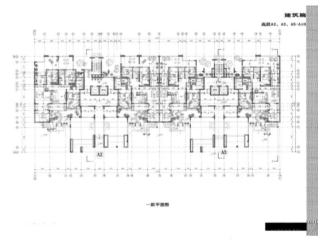

一层平面图

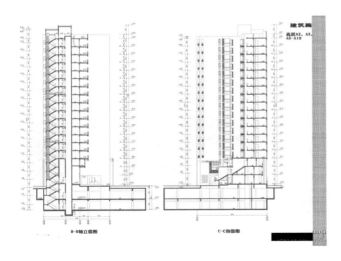

B-B轴立面图　　　　　　C-C剖面图

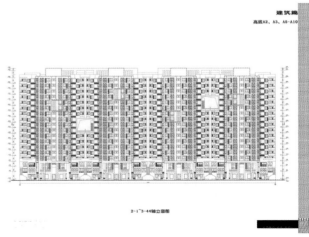

2-1~3-44轴立面图

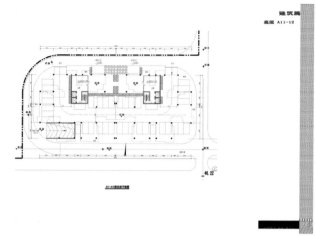

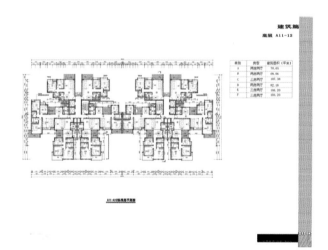

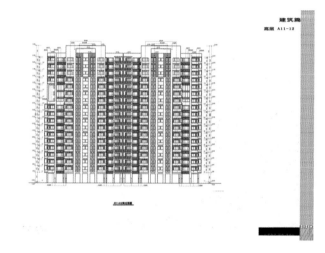

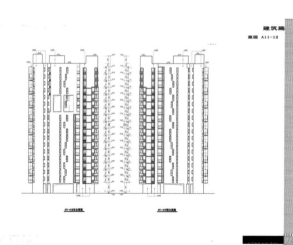

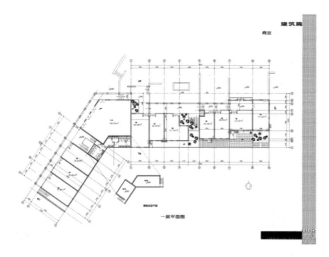

一层平面图

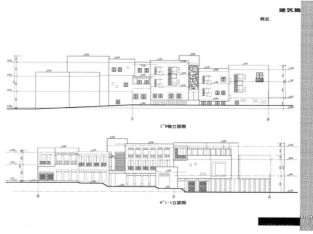

1~9轴立面图

9~1立面图

生态节能设计优先考虑自然生态和被动式节能。"万科蓝山"住宅小区组织有效的自然通风。在户型设计中强调通透性。在高层部分设计了大量架空花园和空中花园。

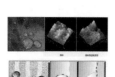

生物技术—外墙涂料：

1. 自洁性：普通的外墙涂料会吸附空气中的灰尘。它们不是因为在走热的夏季温度下产生的静电吸附灰尘。还是因为自产生静电吸附灰尘。涂层由特殊的表面结构构能让雨水等着尘层的尘埃，使外墙保持始终干净清洁，就像有一样出新涂料不变。

2. 持久性：每一种外墙都会受到太阳光线的照射和常年的紫外线辐射。紫外线穿越环保涂分子彻底变质玻璃。因此只有无机颜料和外墙涂料才能抵御紫外线的侵蚀。

3. 甲醛性：任何墙体都含留着一定的水色。让它分的墙体渗透出从墙层散发出去。为外墙涂料无法让水分都发出出去好，就会产生气泡导致脱落。

4. 防水性：防水性是外墙涂料必须具有最佳的防性性。有机乳胶涂料的技术生产的涂料每100%的水色。它能保护建筑墙是使用水的使性。

5. 微孔性。无机矿物透气结构。

6. 不含有粉都形成清速膜构色。

7. 高耐污染水得：保护外不着能以及不使涂醇的污染物贴环墙面，保留有隔热功能水蒸汽和二氧化碳（C02）。

8. 高耐渗透性没有冷凝凝积水色和色能，使冻灰要完全硬化。

9. 无毒性。下确时耐性能功能。

10. 高出耐抗菌性、抗菌性、抗泡性、高度抗紫外线抗辐射。

屋顶绿化：

住宅屋顶

商业屋顶

环境四大属性：

三级复合式的景观体系、既有中央绿轴又有前庭院，还有私家院落、露台及棠蔑花园等丰富多彩的环境体系，为社区空间环境提供了丰富的形态。

景观要素一
立体景观

景观要素二
植物配置

设计多种植物配置，
注重品种的丰富和
有机组合，创造最
宜人的居住环境。

景观要素三
景观水体

景观水设计是"万科蓝山"
的重要组成部分，在此小
区有公共景大游泳池，象
水及水平台等等，使业
主可以置身亲近水。另外
通加景观水体面积也可以
有效地减地面的情热效
果。同时景观水体采用了
动力循环系统并部分引用
了自然及含氧的循环路。

景观要素四
硬质铺装

铺地是景观设计的重要组
成部分，铺地可以限定空
间内射也可以改变空间的
环境，在"万科蓝山"居
住小区中，根据建筑环境
心理学，根据不同的空间
及不同的使用人数来设计
铺地的平面形或和色彩等
等，铺地采用高质感材
料。

4

建筑施工图设计与表达

4.1 建筑施工图设计表达概述

4.1.1 施工图表达依据与特点

1. 施工图表达依据

《建筑工程设计文件编制深度规定》（2003），有关建筑施工图部分见附录一。

《房屋建筑制图统一标准》（GB/T 50001—2001），有关建筑专业部分见附录二。

《建筑制图标准》（GB/T 50104—2001），详见附录三。

2. 施工图表达特点

功能性：能够准确反映建筑工程的用途、规模及相关各种指标的要求。

经济性：可作为工程预算的依据，并控制在已经批准的初步设计概算总投资以内。

可实施性：施工图文件符合编制深度的要求，各专业协调一致，从设计的复杂性和技术的精确性方面可保证其作为施工安装和订购材料的依据。

承前性：施工图是方案设计、初步设计文件的完善和延续，它遵从方案阶段既定的概念构思和初步设计阶段的技术要求，并以完善的图纸内容对其逐一实现。

4.1.2 施工图服务对象

（1）业主：施工图是其组织建造、使用（或销售）、维修或改建该工程的依据性文件。

（2）审批部门：主要是规划、施工图审查、消防、人防、节能、环保、绿化、交通等主管部门，他们要求施工图中简明地表达相关设计的依据、数据和措施，以便于其审批是否符合相应法规、规范和标准。

（3）土建施工和分包单位：施工图是土建施工、相关材料和成品设备采购以及非标准设备制作的依据，并要求具有优良的可实施性。

4.1.3 建筑施工图表达的内容

（1）建筑施工图的内容构成包括文字表述和图形表示。

文字表述：包括封面、目录、设计总说明、工程做法（表）、门窗表、计算书等。

图形表示：包括平面图、立面图、剖面图、放大图、详图等。

在图形表示中一般采用大量的文字引注说明，同样在文字表述中也可配有适当的图示，以表达得更充分、完善。

（2）在图形表示的图纸中，完善的表达一般包括以下三部分内容。

图样内容：剖切到实体断面（粗实线），看到建筑部件（细实线）。

定位与定量内容：定位轴线，标注尺寸（定位尺寸、定量尺寸），竖向标高。

标示与索引内容：标示图名、比例、指北针、各种部位名称、索引其他图纸（图集）符号。

4.1.4 建筑施工图图纸内容构成

封面

目录

0 综合类图纸（包括总图、设计总说明、材料做法表、门窗表、符号图例等）

1 平面类图纸（各层平面图、屋顶平面图等）

2 立剖面图纸（立面图、剖面图等）

3 放大图（复杂平立剖面放大图）

4 楼梯、电梯、坡道详图

5 厨、卫、机房详图

6 外墙与外装修详图

7 装修图

注：图纸具体内容编排可根据工程复杂程度增减项或项类合并。

图幅：一个子项的图纸图幅宜控制在两种以内，且以1号及其加长图纸为佳。有关图幅的详细规定见附录二《房屋建筑制图统一标准》第2.1节。

签署：施工图标题栏签字区包括实名列和签名列。实名列直接打印各级负责人员姓名，签名列则由相应人员亲笔签署，表示承担的社会责任和法律责任。同样，在会签栏内，需要打印各专业负责人的姓名和相应人员的签署。有关签署的详细规定见附录二《房屋建筑制图统一标准》第2.2节。

4.2

施工图的表达示例

  本部分内容为施工图设计的核心内容，通过讲析三个建筑施工图的实例，让读者逐步了解建筑施工图的表达要素和绘图要点。以建筑制图标准和设计深度要求为依据，把建筑方案以工程施工图的形式完善地表达出来，是建筑师工程实践中一项非常重要而且很必要的技能。扎实的施工图基本功对建筑师方案创作能力的提高、解决建筑工程实际问题的能力具有深远的影响。

  本书所选三个实例分别为学校学前部教学楼、小区单栋住宅、综合活动中心的健身楼，其功能完全不同，结构形式也不同，分别为小型框架结构、剪力墙结构、框架大空间结构，并按照功能由简单到复杂、制图由简易到繁琐这样一个由浅入深的顺序来学习。

  由于实际工程图纸的图面图幅与书本相差较大，在由实际图纸缩放到书中时，做了一定量的简化处理，会签栏、图签栏都去掉，只保留了图名和图号（目录中），以便于整套图纸的逻辑性，有利于读者对照学习。同时，本图纸示例的目的在于，让读者能够在图纸的表达分类分项等内容上有一个整体的认识，在深度上有一定的借鉴和参考，而不要去深究其中可能出现的错漏内容。图名后面的比例代表实际工程图的出图比例，而不代表书中比例。

  为了更好地对三套图纸进行解析，图框中的黑色字体和黑色图形为原工程图纸内容，彩色字体为附加在每张图中的表达要点解析内容。每个示例中每一类图纸做一次表达要点的阐述，比如有几张平面图，只在第一张图纸进行表达要点说明。

4.2.1　施工图一（学前部教学楼）

XX学校学前部教学楼

建 筑 专 业 施 工 图

设计编号 _____

总 负 责 人 _____
总 建 筑 师 _____
项 目 负 责 人 _____

XXXX建筑设计研究院

封面、目录表达要点：

1. 封面按照设计院自己的固定格式填写。只有一个封面时，放在图纸最前面；各专业独自成册时，各专业有自己的封面。

2. 目录编制，图纸多时，四个专业可以分别编目成册，图纸少时，四个专业目录编在一起，内容按照建筑、结构、设备、电气顺序排列。

图纸目录

序号	图号	版本号	图　　名	序号	图号	版本号	图　　名
			A0类：总体				A3类：楼梯大样
1	A0-001		总平面图	11	A3-001		1号楼梯大样图
2	A0-002		设计总说明	12	A3-002		2号楼梯大样图
3	A0-003		材料做法表	13	A3-003		教室、卫生间大样图
4	A0-004		门窗表.门窗大样图				
							A4类：墙身详图
			A1类：平面	14	A4-001		1号、2号外墙详图
5	A1-001		一层平面图	15	A4-002		3号外墙详图
6	A1-002		二层平面图				
7	A1-003		屋顶平面图				
			A2类：立面 剖面				
8	A2-001		立、剖面图1				
9	A2-002		立、剖面图2				
10	A2-003		立、剖面图3				

设计总说明（示例）

1. 工程概况

- ·工程名称：学前部教学楼。
- ·建设地点：××市。
- ·设计使用年限：50年。
- ·建筑耐火等级：地下无，地上一级。
- ·抗震设防烈度：8度。
- ·建筑结构类型：钢筋混凝土框架-剪力墙结构。
- ·建筑工程等级：三类 教学楼。
- ·建筑面积：×××m²。
- ·建筑基座面积：××××m²。
- ·建筑层数：地上2层（局部1层），地下0层。
- ·建筑高度：主体9.58m，局部3.60m。
- ·设计标高：相对标高±0相当于绝对标高（黄海海拔）579.45m。

2. 设计范围

- ·本工程的施工图设计包括：建筑、结构、给排水、暖通、电气等专业的配套内容。
- ·本建筑施工图室内仅做至面层下，精装修及特殊装修另行委托设计。
- ·本建筑平面定位及竖向设计详见总平面施工图。

3. 设计依据

- ·相关文件
- ·（1）城市规划委员会批准的规划意见书、订桩成果通知单、审定设计方案通知单、建筑工程规划许可证等。
- ·（2）建设单位提供的设计任务书、用地现状总平面、地质及工程勘察报告书等。
- ·相关主要规范、规定
- ·（1）《建筑工程设计文件编制深度规定》（2003年）

- （2）《民用建筑设计通则》（GB 50352—2005）
- （3）《××市建筑设计技术细则》（建筑专业）（××××年）
- （4）其他条文中直接引用者不再重复

4. 标注说明

- 除标高及总平面的尺寸以m为单位外，其他图纸尺寸均以mm为单位。
- 图中所注的标高除注明者外，均以建筑完成面标高。
- 图中水暖电预留洞：圆洞以直径和中心标高表示，方洞以宽×高和洞底标高表示。

5. 告知与申述

- 依据国务院279号令《建设工程质量管理条例》中第二章十一条，第三章二十三条和第六条、第十二条的规定要求，在建设单位接到本工程施工图设计文件后，应即报送建设行政主管部门进行审查。在取得批准书后，方可领取施工许可证交付施工。本工程各专业设计负责人将就审查合格的施工图设计文件，向施工单位作出详细说明和设计交底。
- 本施工图文件在施工前须由施工方、监理方、建设方进行必要的审核，如发现有疏漏、错误、矛盾或不明确处请及时与设计人联系研究，修改补充后方可施工。
- 施工时应与各专业图纸配合，施工过程中如发生变更，需在事先征得设计方及工程监理同意，并办理修改事宜后方可施工，未经设计单位认可，不得任意变更设计图纸。
- 本工程设计中所提出的各种设备设施、装修材料、成品的选用，凡注明性能、规格、型号等，原则上应按要求加工订货，有关加工图纸（如门窗、钢梯等）须经设计人审核后方可加工安装，若因某种原因需改变产品规格、品种、标准等问题，则须事先征求有关设计人意见，不得任意变更设计。
- 本工程内外装饰材料（包括门窗、石材、瓷砖、吊顶、涂料等）的产品规格、质地、颜色等均须由设计人选定并经建设方、监理同意后方可加工订货。
- 由业主或施工总承包方选定的防水材料、装饰装修材料、门窗、幕墙、电梯等厂家均需有相当的行业资质，所选用产品的技术指标应符合国家有关规范和规定。厂家在制作前应复核土建施工后的相关尺寸，以确保安装无误。
- 未尽事宜应严格按照国家及当地有关现行规范、规定要求进行施工。

6. 建筑防火

- 依据规范
- （1）《建筑设计防火规范》（GB 50016—2006）
- （2）《建筑内部装修设计防火规范》（GB 50222—2006）（2001年）

· 防火分区的划分：地上为1个防火分区，其面积<2500 m²；地下室面积0 m²。

· 消防疏散

·（1）地上1~2层每层设两部非封闭楼梯间。

·（2）两部楼梯在一层均直通室外，楼梯宽度满足疏散要求。

· 施工注意事项

· 除工艺及通风竖井外，管道井安装完管线后，应在每层楼板处补浇相同标号的钢筋混凝土将楼板封实。

7. 建筑防水

· 屋面防水

· 根据《屋面工程技术规范》（GB 50345—2004），防水等级为Ⅱ级，二道设防，详见工程做法。

· 其他防水

·（1）卫生间及其他用水房间的楼地面标高，应比同层其他房间、走廊的楼地面标高低0.02 m。

·（2）配电室、弱电间、管井检查门均设120 mm高的门槛。

·（3）卫生间楼（地）面防水层详见工程做法。

8. 建筑节能

· 依据规范及详图

·（1）《民用建筑热工设计规范》（GB 50176—1993）

·（2）《公共建筑节能设计标准》（GB 50189—2005）

·（3）《公共建筑节能设计标准》（DBJ 01-621—2005）（北京市地方标准）

·（4）《公共建筑节能构造》（88J2-10）（2005年）

· 本工程所属气候分区为××××地区，建筑面积<20000m²，属乙类公共建筑。体形系数=0.28<0.3，窗墙比：南向为0.35，其他为0.30，均<0.7。

· 屋面保温层为55厚挤塑聚苯板（k=0.47<0.55），外墙为250厚04级加气混凝土砌块（k=0.57<0.60），外门窗为（5+12A+5）透明中空玻璃断桥铝合金框，其k=2.70≤2.70；SC：南向为0.77×（1—0.2）=0.62<0.70，其他朝向不限，一层楼板保温层为30厚聚苯颗粒料保温浆料（k=1.46<1.50）。

· 经判断符合公共建筑节能标准的要求。

9. 无障碍设计

· 依据规范：《城市道路和建筑物无障碍设计规范》（JGJ 50—2001）。

· 在以下部位考虑无障碍设施：建筑入口坡道、相关内外门、走道，详见有关建施图纸及88J12-1图集。

10. 墙体

- 总体

  外墙：局部钢筋混凝土墙，详见结施图。

  250 mm厚04级加气混凝土砌块墙，密度为400 kg／m³。

  内墙：局部钢筋混凝土墙，详见结施图。

  200 mm厚陶粒混凝土空心砌块墙。

  100 mm厚陶粒混凝土条板隔墙。

- 砌块墙体的构造柱、水平配筋带、圈梁、门窗过梁、洞口等做法详见结施图。

- 砌体墙体砌筑前应先浇筑150 mm高细石混凝土基座，宽度同墙厚，内墙除混凝土构造柱、梁一次施工完成外，一般分两步：首先在吊顶高度以下按图示尺寸留洞砌筑，待上部设备、管线安装完毕再砌至板底或梁底封堵严实，砌筑砂浆的强度等级为M5。

- 内外墙留洞：钢筋混凝土墙预留洞，见结构和设备施工图纸；填充墙预留洞，建筑图纸仅标注300 mm×300 mm以上者，以下者根据设备施工田预留。

- 管道井隔墙：采用100 mm厚陶粒条板墙，耐火极限要求大于1h，应注意先安装管线后再施工管井，并在每层楼板处用相当于楼板耐火极限的材料作防火分隔，施工时边砌边抹水泥砂浆（内外均抹），保证管井内壁光滑平整，气密性良好。

- 本工程所采用的加气混凝土砌块的质量应符合中华人民共和国建筑材料工业部标准《蒸压加气混凝土砌块》（GB／T 11968—1997）的各项指标。

- 本工程所采用的陶粒混凝土空心砌块的性能应达到《轻集料混凝土小型空心砌块》（GB 15229—2002）标准，强度等级外墙不应小于MU5，内墙不应小于MU3.5，砌筑砂浆强度等级为M5，砌体砂浆要求饱满，墙体四边应严密无缝，砌筑及构造做法参见《墙身—框架结构填充轻集料混凝土空心砌块》（88J2—2）（2005年）。

11. 楼地面

- 应先铺设水道及暖通的管线，待管压检验合格后，再做垫层。公共部分、库房及机房装修一次到位，办公部分预留面层做法详见工程做法。

- 有防水要求的房间穿楼板立管均应预埋防水套管，防止水渗漏，其他房间穿楼板立管是否预埋套管，按设备专业图纸要求。

- 所有室外出入口平台除注明外均自门口向外找坡0.5%。

12. 门窗

- 依据规范

（1）《建筑玻璃应用技术规程》（JGJ 113—2003）

（2）《建筑安全玻璃管理规定》（发改运行[2003]2116号文）

·非标准门窗立面见建施-19，该图仅表示门窗的洞口尺寸、分榀示意、开启扇位置及形式，据此，生产厂家应结合建筑功能、当地气候及环境条件，确定门窗的抗风压、水密性、气密性、隔声、隔热、防火、玻璃厚度、安全玻璃使用部位及防玻璃炸裂等技术要求，按照相应规范负责设计、制作与安装。

·铝合金门窗及玻璃幕墙框料为深灰色，隔热多腔铝合金型材；玻璃为透明中空玻璃（5+12A+5），外窗开启扇外均设纱窗。

·除注明者外，平开内门立榀与开启方向墙面平，弹簧门、内窗及外门窗立榀均为墙中。

·门窗加工前应现场复核洞口尺寸。

13. 电梯

（无）

14. 室内二次装修

·办公室允许业主根据需要进行二次装修，并另行委托设计。

·不得破坏建筑主体结构承重构件和超过结施图中标明的楼面荷载值，也不得任意更改公用的给排水管道、暖通风管及消防设施。

·不得任意降低吊顶控制标高以及改动吊顶上的通风与消防设施。

·不应减少安全出口及疏散走道的净宽和数量。

·室内二次装修设计与变更均应遵守《建筑内部装修设计防火规范》（GB 50222—1995），并应经原设计单位的认可。

·二次装修设计应符合《民用建筑工程室内环境污染控制规范》（GB 50325—2001）的规定。

15. 其他

·外墙贴面砖时必须严格执行《外墙饰面砖工程施工及验收规程》（JGJ 126—2000）、《建筑工程饰面砖粘结强度检验标准》（JGJ 110—1997）、《建筑装饰装修工程质量验收规范》（GB 50210—2001）的有关规定。

·所有预埋木砖及木门窗等木制品与墙体接触部分，均需涂刷两道环保型防腐剂。

·室内为混合砂浆粉刷时，墙、柱和门洞的阳角应用20 mm厚1：2水泥砂浆做护角，其高度大于2000 mm，每侧宽度大于50 mm。

设计总说明表达要点：　1. 项目概况、设计范围依据、其他重要的有关本施工图的整体性说明。

2. 建筑防火、防水、节能、无障碍设计等方面的详细说明。

3. 建筑各部位（屋面、外墙、基础、室内设计等）、各材料做法（混凝土工程、砌体工程、油漆工程等）、各专项（门窗幕墙、电梯等）施工的技术措施说明。

4. 图集做法的引注，一般结合材料做法表说明，也可单独说明。

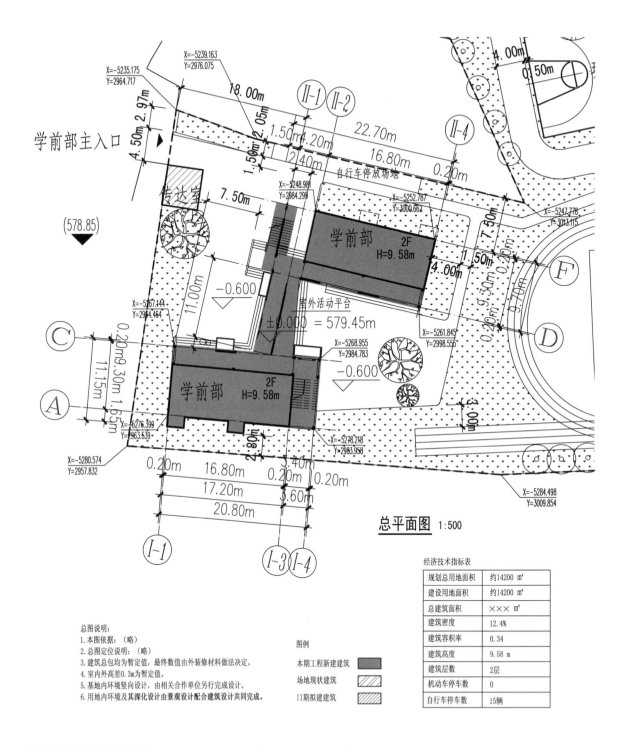

学前部主入口

传达室

(578.85)

学前部 2F H=9.58m

室外活动平台

±0.000 = 579.45m

−0.600

学前部 2F H=9.58m

−0.600

自行车停放场地

X=-5239.163 Y=2976.075

X=-5235.175 Y=2964.717

X=-5248.981 Y=2984.299

X=-5252.787 Y=3000.662

X=-5247.778 Y=3013.115

X=-5267.444 Y=2964.464

X=-5261.845 Y=2998.555

X=-5268.955 Y=2984.783

X=-5276.399 Y=2963.539

X=-5278.218 Y=2983.958

X=-5280.574 Y=2957.832

X=-5284.498 Y=3009.854

总平面图 1:500

总图说明:
1. 本图依据: (略)
2. 总图定位说明: (略)
3. 建筑物总高均为暂定值,最终数值由外装修材料做法决定。
4. 室内外高差0.3m为暂定值。
5. 基地内环境竖向设计,由相关合作单位另行完成设计。
6. 用地内环境及其深化设计由景观设计配合建筑设计共同完成。

图例

本期工程新建建筑
场地现状建筑
II期拟建建筑

经济技术指标表

规划总用地面积	约14200 ㎡
建设用地面积	约14200 ㎡
总建筑面积	×××㎡
建筑密度	12.4%
建筑容积率	0.34
建筑高度	9.58 m
建筑层数	2层
机动车停车数	0
自行车停车数	15辆

总平面图表达要点:

1. 用地地块坐标、建筑物坐标、红线,建筑与四周主要尺寸关系。

2. 场地原有道路、建筑物、原有地形地物信息适当表达。

3. 建筑物名称、层数,正负零标高与海拔标高的关系等。

4. 场地内设计道路、场地、水沟、设施等的位置、尺寸、竖向标高、做法或详图引注。

5. 经济技术指标、图名、比例、指北针、图例、补充说明等。

房间名称		地面、楼面					墙面			
		编号	厚度	材料	耐火等级	备注	编号	材料	耐火等级	备注
一层	普通教室	地12B	240	防滑地砖	A	规格600×600	内墙7C1	内涂1	A	
	教室清洁间	地13A	120	防滑地砖	A	有防水层，规格600×600	内墙16C	防水面砖	A	满墙，规格300×300
	卫生间	地13A	120	防滑地砖	A	有防水层，规格600×600	内墙16C	防水面砖	A	满墙，规格300×300
	饮水处	地13A	120	防滑地砖	A	有防水层，规格600×600	内墙7C1	内涂1	A	
	楼梯	地4B	250	细石混凝土地面	A	内嵌彩色碎瓷砖	内墙7C1	内涂1	A	
	办公室	地12B	240	防滑地砖	A	规格600×600	内墙7C1	内涂1	A	
	外廊	地4B	250	细石混凝土地面	A	内嵌彩色碎瓷砖				详见立面
	室外遮阳平台	屋4	400	面砖						
	设备风道、管井	地5A	130	细石混凝土地面	A		内墙7C1	内涂1	A	
二层	普通教室	楼12B	100	防滑地砖	A	规格600×600	内墙7C1	内涂1	A	
	教室清洁间	楼13A	100	防滑地砖	A	有防水层，规格600×600	内墙16C	防水面砖	A	满墙，规格300×300
	楼梯	楼4B	100	细石混凝土地面	A	内嵌彩色碎瓷砖	内墙7C1	内涂1	A	
	外廊	楼4B	100	细石混凝土地面	A	内嵌彩色碎瓷砖				详见立面
	设备风道、管井	楼4A	50	细石混凝土地面	A		内墙7C1	内涂1	A	

房间名称		顶棚				墙裙				踢脚			
		编号	材料	耐火等级	备注	编号	材料	耐火等级	备注	编号	材料	耐火等级	备注
一层	普通教室	棚2B	内涂1	A		裙15C	面砖	A	高900	踢5C	配套地砖踢脚	A	
	教室清洁间	棚2B	内涂1	A		裙16C	防水面砖	A	高900	踢5C	配套地砖踢脚	A	
	卫生间	棚35A	铝条板	A		裙16C	防水面砖	A	至吊顶之上200	踢5C	配套地砖踢脚	A	
	饮水处	棚2B	内涂1	A		裙16C	防水面砖	A	高900	踢5C	配套地砖踢脚	A	
	楼梯	棚2B	内涂1	A		裙15C	面砖	A	高900	踢5C	配套地砖踢脚	A	
	办公室	棚2B	内涂1	A		裙15C	面砖	A	高900	踢5C	配套地砖踢脚	A	
	外廊	棚2B	内涂1	A		裙15C	面砖	A	高900	踢5C	配套地砖踢脚	A	
	室外遮阳平台												
	设备风道、管井												
二层	普通教室	棚2B	内涂1	A		裙15C	面砖	A	高900	踢5C	配套地砖踢脚	A	
	教室清洁间	棚2B	内涂1	A		裙16C	防水面砖	A	高900	踢5C	配套地砖踢脚	A	
	楼梯	棚2B	内涂1	A		裙15C	面砖	A	高900	踢5C	配套地砖踢脚	A	
	外廊	棚2B	内涂1	A		裙15C	面砖	A	高900	踢5C	配套地砖踢脚	A	
	设备风道、管井												

材料做法表表达要点：

1. 列表写出所有设计的房间及房间的地面、墙面、屋顶各个部位。
2. 对应工程做法图集，选出合适的做法编号、用材、厚度、耐火等级等。

学前部门窗表

门窗名称	洞口尺寸	门窗数量			备注
		1层	2层	总计	
LM1021	1000x2100	2		2	
LM1121	1100x2100	6	8	14	
LM1215	1200x1500	2	4	6	
LC1409	1400x900	4		4	
LC1421	1400x2100	9	12	21	
LC1821	1800x2100	2		2	
LC3021	3000x2100	2	4	6	
ZJC	(1200+2000)x2100	2	4	6	

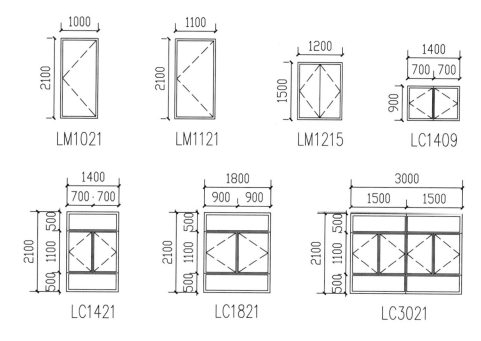

学前部门窗详图 1：50

门窗表和门窗详图表达要点：

1. 门窗表是把图中所有门窗按照尺寸、型号进行分类、数量汇总，列出表格。

2. 门窗详图是把所有门窗按照名称绘制立面，标注尺寸，以控制门窗的立面风格。

3. 门窗玻璃的用材性能一般在设计总说明中体现。

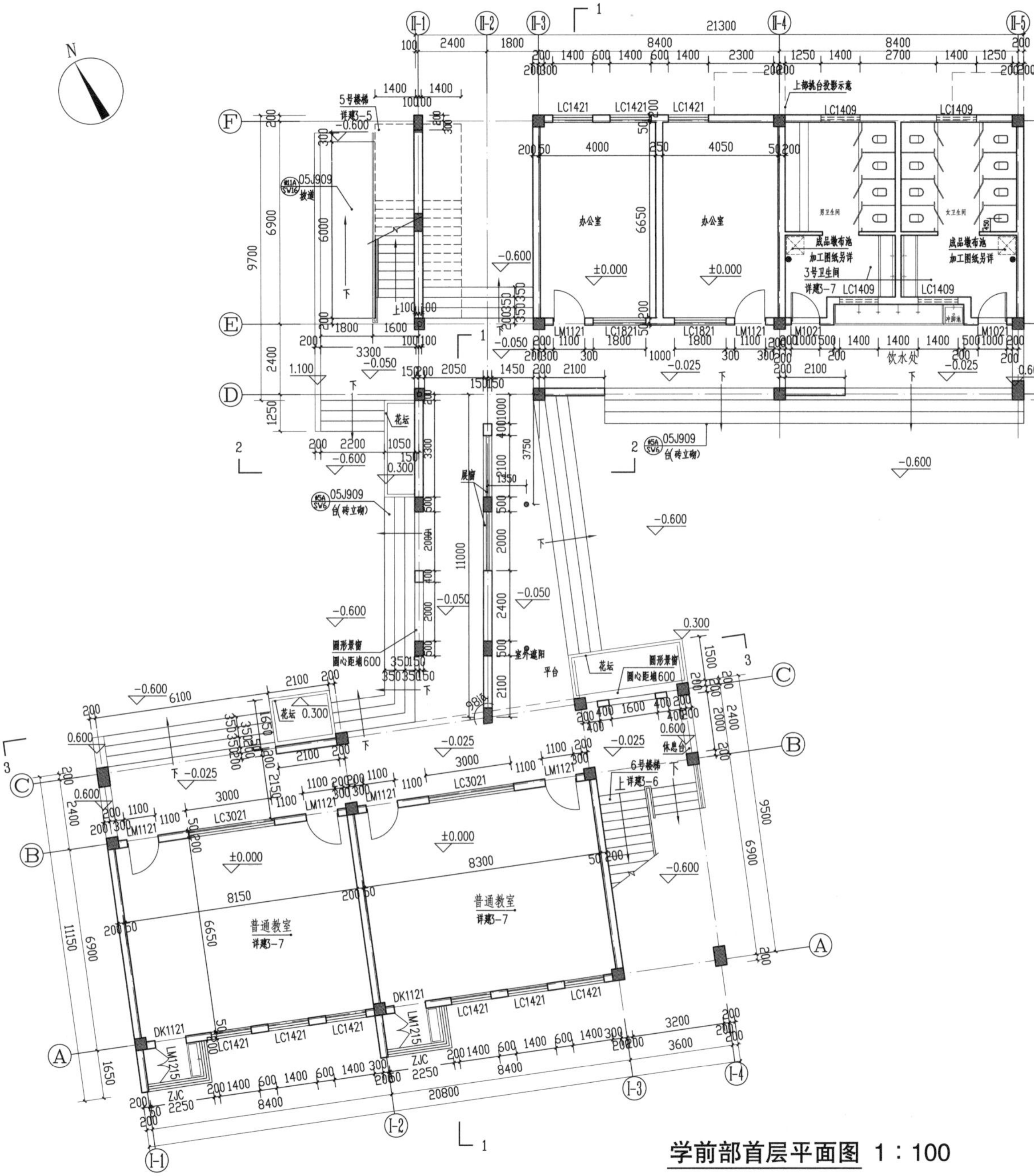

学前部首层平面图 1:100

4

建筑施工图设计与表达

215

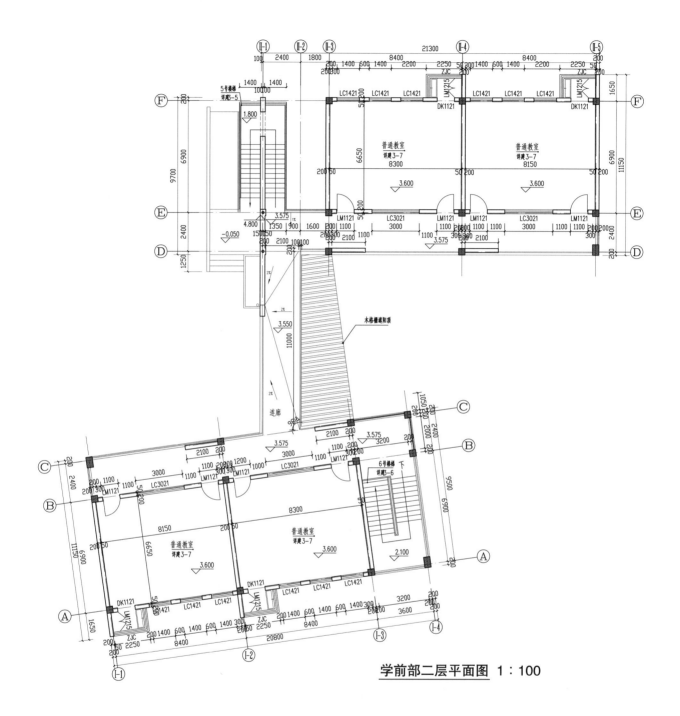

学前部二层平面图 1：100

1. 平面图样：建筑剖切实体断面（墙柱、门窗等）用粗实线表示；俯视看到的构配件、边界线等用细实线表示；剖切面上部重要部件的边线投影用虚线表示。
2. 定位定量：定位轴线及其编号；墙体、洞口、构配件尺寸及定位尺寸；竖向标高标注。（二层平面除轴线间等主要尺寸及轴线编号外，与首层相同的尺寸可省略）。
3. 标示索引：图名、比例、指北针、房间名称标示等；其他放大图、做法详图、剖面、图集等的索引。

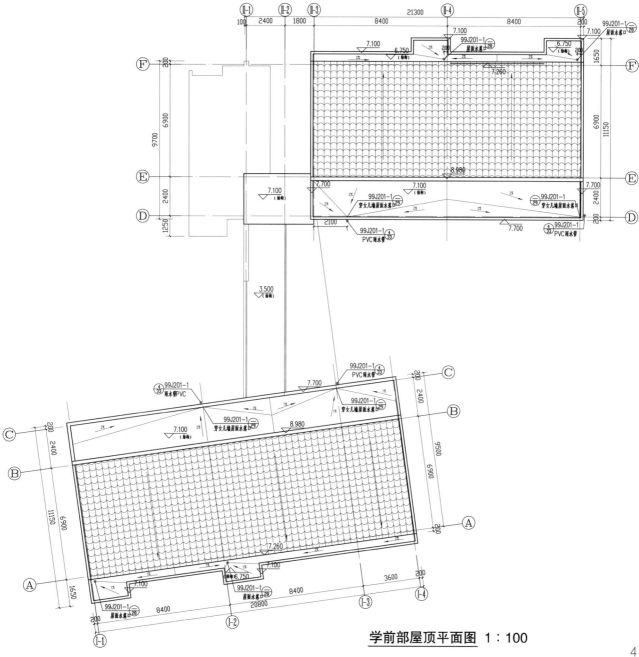

学前部屋顶平面图 1:100

屋顶平面图表达要点： 1. 屋面平面应有女儿墙、檐口、天沟、坡度、坡向、雨水口、屋脊
（分水线）、变形缝。
2. 图名比例、必要的详图索引号、竖向标高等。

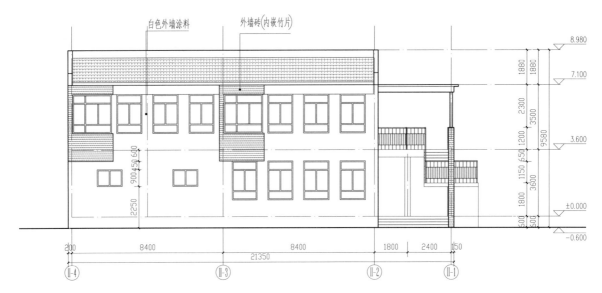

白色外墙涂料　　外墙砖(内嵌竹片)

北单体北立面图 1：100

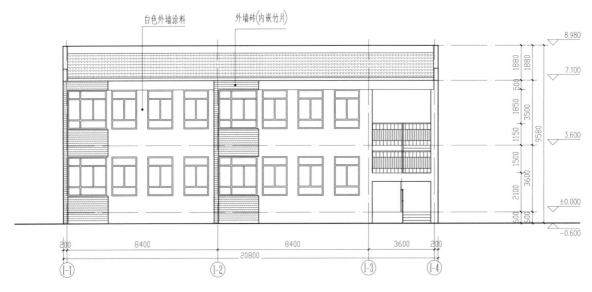

白色外墙涂料　　外墙砖(内嵌竹片)

南单体南立面图 1：100

立面图表达要点：

1. 立面图样：建筑外轮廓线、墙面线脚、分格缝、构配件看线等。
2. 定量与定位：代表性标高（屋面檐口、女儿墙、室外地面、主入口处等）；墙面与洞口的尺寸与定位。
3. 标示与索引：两端和复杂部位的轴线与轴号；图名，比例；构造详图索引，饰面材料标注等。

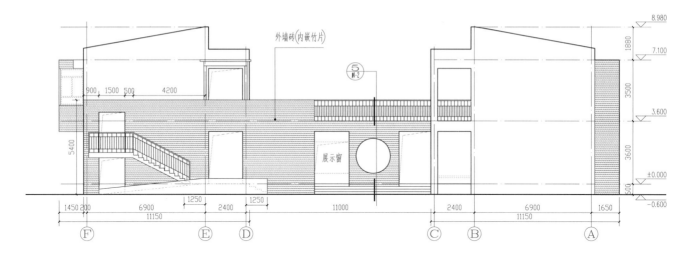

5
M-2

展示窗

西立面图 1：100

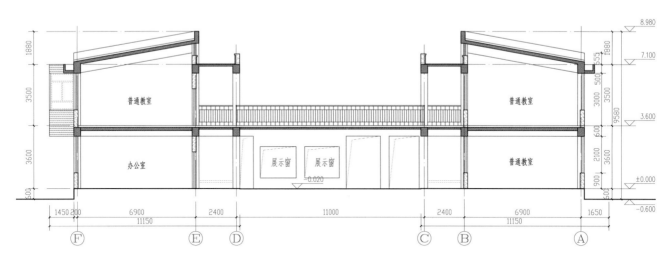

普通教室

普通教室

办公室

展示窗　展示窗

普通教室

1-1剖面图 1：100

室外木格栅　外墙砖(内嵌竹片)　外墙砖(内嵌竹片)

ϕ153钢柱

花坛
花坛

150　2400　1800　8400　8400　200
21350

II-1　II-2　II-3　II-4

8.980
1280
7.100
1880
1100
1850
3500
3.600
1150
900 600
3600
9580
2100
±0.000
500
-0.600

2-2立剖面图 1:100

室外木格栅　外墙砖(内嵌竹片)

花坛
花坛

200　3600　8400　8400　200
20800

I-4　I-3　I-2　I-1

8.980
1280
7.100
1880
1100
1850
3500
3.600
1150
900 600
3600
4856
2100
±0.000
500
-0.600

3-3立剖面图 1:100

剖面图表达要点：

1. 剖面图样：剖切到的建筑实体用粗实线和图例表示；剖切方向所见构配件轮廓线用细实线表示。
2. 标高与尺寸：标注主要结构和建筑构件的标高；外部高度三道尺寸，内部高度尺寸。
3. 标示与索引：两端及高度变化处的轴线轴号；图名，比例；节点构造详图的索引等。

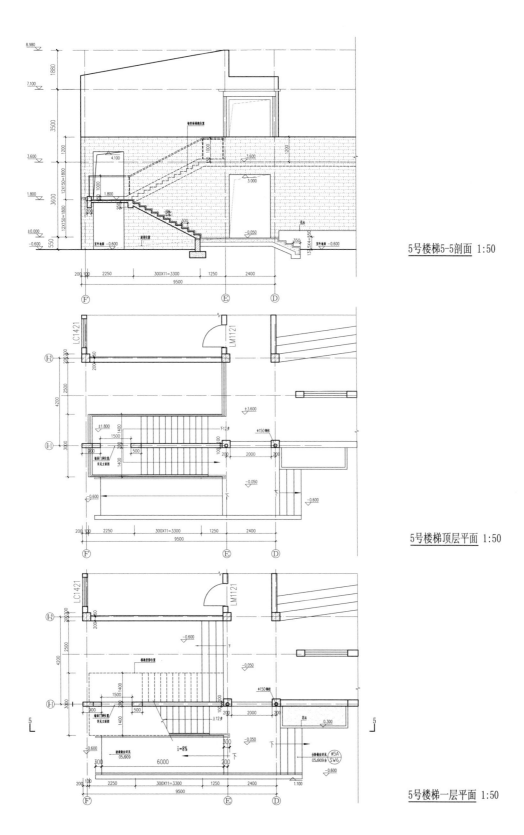

5号楼梯5-5剖面 1:50

5号楼梯顶层平面 1:50

5号楼梯一层平面 1:50

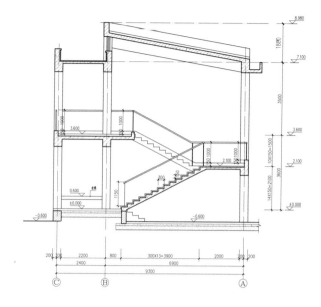

6号楼梯6-6剖面 1:50

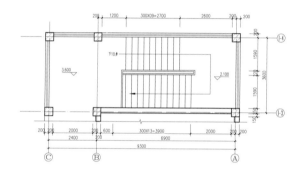

6号楼梯顶层平面 1:50

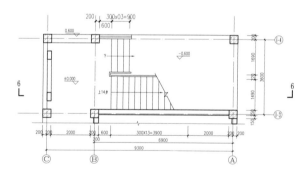

6号楼梯一层平面 1:50

楼梯详图表达要点：

1. 图样信息：楼梯各层平面、剖面，墙柱、过梁、踏步、平台、梯井、栏杆、与之相连接的各层楼板、墙体，其中踏步剖面结构线要用粗线表示，内部图例填充，结构线与构造做法面层线区分清晰。

2. 标高尺寸：各层楼地面、楼梯平台标高（完成面标高）；楼梯踏步的高宽尺寸及与各个楼地面、平台的关系。为了便于与结构专业配合，一般要把楼梯踏步结构边界尺寸表达清楚，结构边界加上做法层为完成面。

3. 标示和索引：轴线和轴号；图名和比例；踏步做法、栏杆与扶手等详图索引。

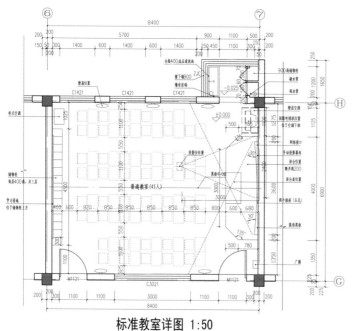

注：
1. 讲台阳角均要求倒角抹平。
2. 教室门在靠近把手一侧应加条形观察窗。
3. 走廊一侧墙面加面砖墙裙。
4. 卫生间及楼面加防水的房间内所有穿过防水层的构件应增设穿墙套管，并采用套管式防水法，套管应加押止水环。

标准教室详图 1:50

教室详图表达要点：

属于平面放大图

1. 图样信息除了建筑的墙柱、门窗表达外，重点把房间内的家具、设备设施等内容表示清楚。

2. 房间内家具、设备设施的尺寸及其与墙体的相互定位关系。

3. 图名和比例，各种设备设施名称，索引（其他图集或者详图做法）等。

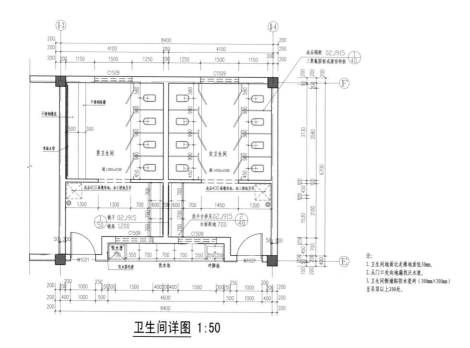

注：
1. 卫生间地面比走廊地面低30mm。
2. 从门口处向地漏找泛水坡。
3. 卫生间侧墙贴防水瓷砖（300mm×300mm）至吊顶以上200处。

卫生间详图 1:50

卫生间详图表达要点：

属于平面放大图

1. 图样信息除了建筑的墙柱、门窗表达外，重点把房间内的大小便器、隔板、洗手池、墩布池、地漏等设备管线设施等内容重点表示清楚。

2. 房间内设备设施的尺寸、高度及其与墙体的相互定位关系。

3. 图名和比例，各种设备设施名称，索引（其他图集或者详图做法）等。

4
建筑施工图设计与表达

223

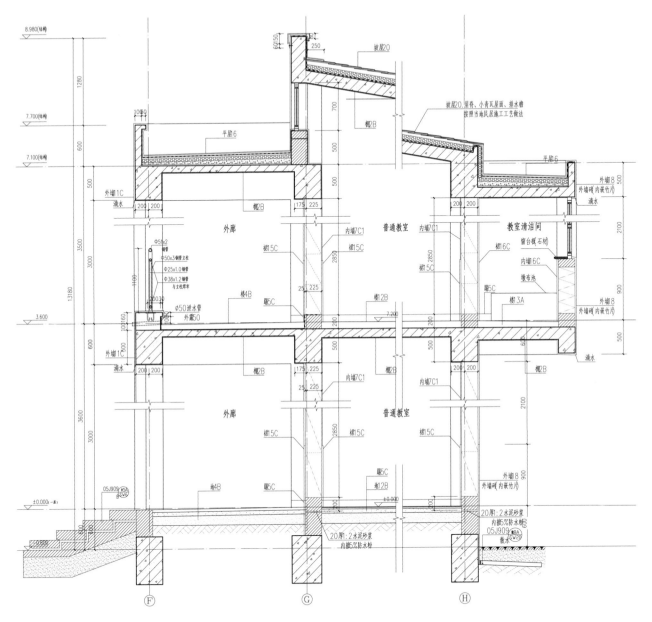

1号外墙详图 1：20

2号外墙详图 1：20

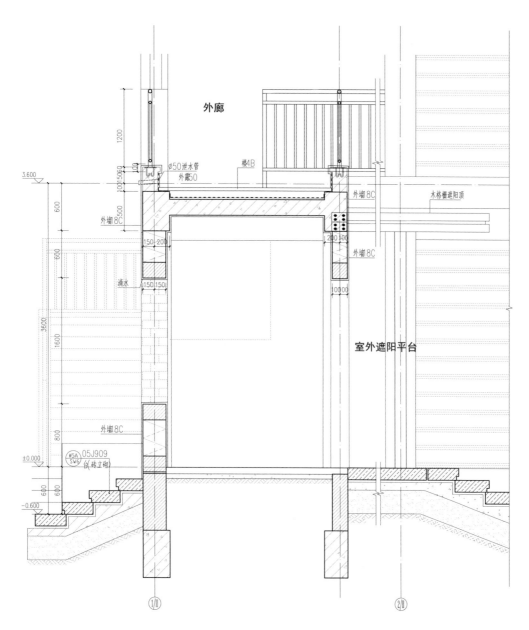

外廊

楼4B

Ø50泄水管
外廊50

外墙8C

木格栅遮阳顶

外墙8C

外墙8C

3.600

600

150 200

150 150

滴水

室外遮阳平台

外墙8C

800

±0.000

Ø5A 05J909
5W6
台(砖立砌)

600 600

-0.600

3600

1600

1200

100 150 600

200 100

10000

1/II

2/II

3号外墙详图 1：20

外墙详图表达要点：

1. 图样信息：基本信息与剖面图相同，重点表达出结构墙体、过梁（粗线）与做法层（细线）的区别，用细线表示出各个做法层，结构层和重点做法层（如保温、找坡层）要用图例填充，为了使重点部位画完整，可用折断线表示出略去的墙体。

2. 定位尺寸：轴线轴号，各个做法层的尺寸及其与层高线的关系，不同部位的完成面标高。

3. 标示索引：图名和比例，不同部位的墙面（地下部分、各层、屋檐、女儿墙）、屋面、相关楼地面、室内墙面、顶棚的做法引注图集或者引注详图。

4.2.2 施工图二（住宅楼）

XX住宅小区第XX号住宅楼

建 筑 专 业 施 工 图

设计编号 _____

总 负 责 人 _____
总 建 筑 师 _____
项 目 负 责 人 _____

XXXX建筑设计研究院

图纸目录

序号	图号	版本号	图 名	序号	图号	版本号	图 名
1	A0-001		总平面图	16	A3-001		A单元地下一层平面图
2	A0-002		设计说明(一)	17	A3-002		A单元首层平面图
3	A0-003		设计说明(二)	18	A3-003		A单元二层平面图
4	A0-004		材料做法表	19	A3-004		A单元三层平面图
5	A0-005		门窗数量表	20	A3-005		A单元四层平面图
				21	A3-006		A单元跃层平面图
				22	A3-007		A单元顶层平面图
6	A1-001		地下一层平面图				
7	A1-002		首层平面图	23	A4-001		楼梯详图(一)
8	A1-003		二层平面图	24	A4-002		楼梯详图(二)
9	A1-004		三层平面图	25	A4-003		楼梯详图(三)
10	A1-005		四层平面图	26	A4-004		门窗详图
11	A1-006		跃层平面图				
12	A1-007		顶层平面图				
				27	A5-001		1号外墙详图
				28	A5-002		2号外墙详图
				29	A5-003		3号外墙详图
13	A2-001		南立面图、北立面图	30	A5-004		4号外墙详图
14	A2-002		东立面图、西立面图	31	A5-005		5号外墙详图
15	A2-003		1-1剖面、2-2剖面	32	A5-006		6号外墙详图

目录表达要点： 建筑专业图纸较多时，一般分为几个部分：总体类包括总平面图、设计说明、材料做法表、门窗表等，用A0-001、A0-002…表示；平面类包括各层平面图、屋顶平面图等，用A1-001、A1-002…表示；依次为立剖面图类（A2-001…）、单元放大平面图（A3-001…）、楼梯详图（A4-001…）、外墙详图（A5-001…）等。

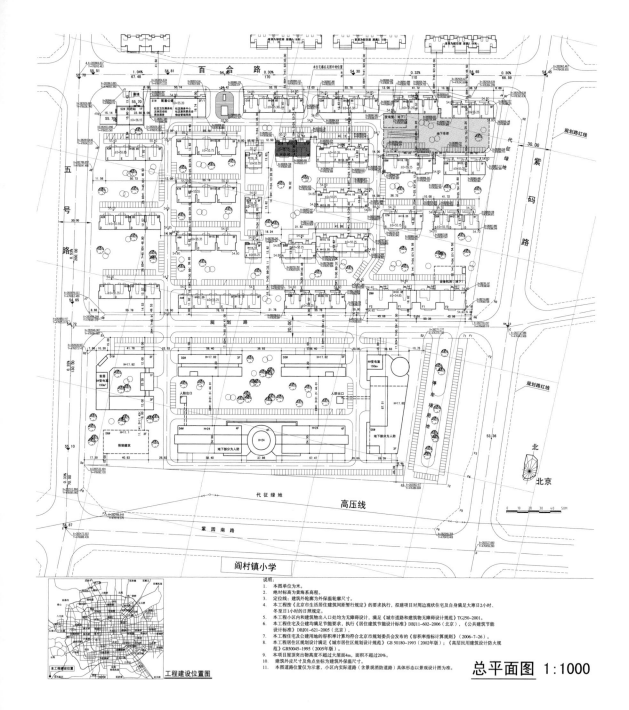

总平面图 1:1000

总平面图表达要点：

1. 图样内容：道路、红线、建筑控制线、建筑物、构筑物、地下车库范围及出入口、地面车位等。景观设计、管线综合一般单独出图。

2. 尺寸标高：建筑物四角、红线、道路坐标，建筑物、道路等尺寸及定位，建筑物高度、层数、正负零标高，道路标高点。

3. 标示索引：图名比例，指北针风玫瑰图，工程建设位置图，总图说明，经济技术指标。各建筑名称，出入口；分期建设示意，其他索引等。

施工图设计说明

1. 设计依据

· 设计项目委托单（北京××建筑设计研究院）

· 北京市规划委员会规划意见书（选址）：2008规意选字××号

· 北京市规划委员会钉桩坐标成果通知单2007（房）拨字××号

· 北京市测绘设计研究院1：2000地形图

· 北京市规划委员会规划意见复函：2010规（房）复函字××号

· 建设工程规划许可证：（2009）规（房）建字××号

· 工程地质勘察报告

· 有关会议纪要和与业主之间往来的文函、传真

· 国家及北京市颁发的现行有关规范、规程、规定和标准及其他相关规范

（1）建筑地面设计规范（GB 50037—1996）

（2）建筑设计防火规范（GB 50016—2006）

（3）住宅设计规范（GB 50096—1999）（2003年版）

（4）地下工程防水技术规范（GB 50108—2008）

（5）建筑灭火器配置设计规范（GB 50140—2005）

（6）屋面工程质量验收规范（GB 20207—2002）

（7）地下防水工程质量验收规范（GB 50208—2002）

（8）建筑地面工程施工质量验收规范（GB 50209—2002）

（9）建筑装饰装修工程质量验收规范（GB 50210—2001）

（10）建筑内部装修设计防火规范（GB 50222—1995）（2001版）

（11）建筑工程施工质量验收统一标准（GB 50300—2001）

（12）电梯工程施工质量验收规范（GB 50310—2002）

（13）屋面工程设计规范（GB 50345—2004）

（14）民用建筑设计通则（GB 50352—2005）

（15）住宅建筑规范（GB 50368—2005）

（16）城市道路和建筑物无障碍设计规范（JGJ 50—2001）

（17）建筑玻璃应用技术规程（JGJ 113—2003）

（18）城市用地竖向设计规范（JJ 83—1999）

（19）北京市居住建筑节能设计标准（DB J01-602—2006）

（20）《方便残疾人使用的城市道路和建筑物设计规范》实施细则（J01-603—1998）

（21）建设部建筑工程设计文件编制深度的规定（2008版）

（22）北京市建筑设计标准化办公室《北京市建筑设计技术细则》（建筑专业）

2. 项目总体情况

·总平面布局

本项目地处××区××镇，项目四至范围：东至××路，南至××南路，西至××项目东侧规划路，北至规划道路中心线。

工程总建设用地166118.411m²，居住用地面积71255.63m²，地上共24栋板式住宅，1栋2层的配套公建。1栋1层开闭站，其中C9号楼为两限房，商业金融用地面积36171.96m²，地上6栋公共建筑，其中D4号楼和D5号楼设置一层地下室布置人防。

居住用地内部设置了一条环形主干道路连接各个住宅楼，停车采用地上和地下相结合的方式，地下车库为地下一层，覆土1.50m，位于C8号楼和C3号楼之间。

·交通组织

本项目居住地块沿北侧××路和地块中部规划路设置三个出入口，居住地块内部设置车型环路到达各个单元，地上车位沿车行环路和宅前路布置，方便住户使用。商业金融地块沿中部规划路设置两个出入口，内部同样设置车行环路，与各个楼体相连，地上车位沿环路设置，地下车库位于D4号楼和D5号楼地下一层。住宅地块除C9号楼外，都是多层住宅，C9号楼周围设置车行环路，各楼建筑沿街长度不超过150m，总长度不超过220m。

SI号楼配套公建为二层建筑，与住宅楼和开闭站之间的建筑间距均不小于6m。配套公建入口临街设置，各住宅楼出入口均设于小区内部，商业与住宅出入口完全分开，互不干扰，便于封闭管理。地下车库设有一处双车道出入口，设在小区北侧出入口附近，以减少对小区内部住宅的干扰。

·人防规划

按照人防规划，本项目将人防集中布置于商业金融地块D4号楼和D5号楼地下一层，其中D4号楼战时为物资库，平时为汽车库。D5号楼战时为人员隐蔽，平时为汽车库。

·建筑总平面施工放线说明

（1）总图中所示坐标点为外墙角点（含80mm厚外墙保温）。

（2）各建筑均为正南北向放置。

（3）施工验线应由主管验线部门会同甲方、设计、监理、施工等共同进行，其结果应与设计图纸完全相符。

·项目总技术经济指标见总平面图注。

3. 工程概况及设计范围

·单体工程概况

工程名称：××家园二期B7号楼。

建设地点：北京市××区××镇。

建设单位：北京××××置业有限公司。

建筑性质：住宅。

建筑层数：地上5层，第5层层高2.190m，地下1层层高2.190m，建筑高度14.19m。

建筑室内首层地面的绝对标高值+0.00=55.550m。

总建筑面积：1620.30m²，其中地上1620.30m²，地下0m²。

建筑分类：二类；建筑耐火等级：一级；抗震设防烈度：8度。

建筑结构形式：钢筋混凝土剪力墙结构。

建筑使用年限：根据《建筑结构可靠度设计统一标准》（GB 50068—2001），本工程合理使用年限为50年。

·本次施工图设计内容包括：主体工程的建筑、结构、消防、给排水、采暖、通风、强电、弱电的施工图设计及与主体建筑工程密切相关的室外场地控制标高。

·本设计不包括的范围有天然气、热力及室外道路、竖向、园林绿化及外线施工图设计等内容。该部分应由建设单位另行委托设计。本院负责与其有关的技术接口。

·本工程设计工作由建筑、结构、设备、电气四个专业协作完成。

·本次建筑专业施工图内容包括：建筑总平面图、各层平面图、外立面图、剖面图、门窗大样图、楼电梯大样图、厨卫大样图、外墙大样图、坡道大样图、人防设计图、内部及外部材料做法、节点构造做法。

4. 墙体材料及厚度

承重墙：钢筋混凝土墙，墙体厚度见平面图纸标注。

住宅户内分隔墙：90mm厚陶粒混凝土空心条板（作法详88J2-7图集）。

地下室轻质隔墙为200mm厚粉煤灰陶粒混凝土空心砌块，双面抹灰。

管井隔墙为100mm厚现制钢筋混凝土墙（作法详88J2-7图集）。

5. 消防设计

·本楼地上四层，执行《多层民用建筑设计防火规范》。

· 本楼由两个B单元组成，一梯两户，按单元式住宅设计，设一部楼梯。楼梯间不封闭，自然采光通风符合规范要求。

· 每层住宅均为一个防火分区，面积<2500m²，各层之间窗间墙高度≥800mm，符合《住宅建筑规范》。

· 住宅地下一层为设备夹层，层高2.19m，不计建筑面积。电气管井门为丙级防火门。

· 防火门（级别、使用部位）

设备机房、电气用房门为甲级防火门，耐火极限>1.2h。

开向楼梯间户门为乙级防火门，耐火极限>0.9h。

电气管井门为丙级防火门，耐火极限>0.6h。

· 本工程采用外墙外保温，根据《民用建筑外保温系统及外墙装饰防火暂行规定》公通字（2009）46号文要求，外墙保温材料的燃烧性能不低于B2级。每层层间设置300mm宽的水平防火隔离带，防火隔离材料为膨胀玻化微珠。做法参照08BJ1-1图集B99页。

6. 防水设计

· 地下室防水方案

地下室防水工程执行《地下工程防水技术规范》（CB 50108—2008）和《地下防水工程质量验收规范》（GB 50208—2002）的规定。根据地下室使用功能，防水等级为二级。防水做法为：主体结构采用防水混凝土，防水材料为4mm厚SBS改性沥青防水卷材，侧墙防水保护层为60mm厚聚苯板（20 kg/m³，用聚醋酸乙烯乳液点粘）兼作保温层。隔离层材料为0.4mm厚聚氯乙烯薄膜。

· 屋面防水方案

依据《屋面工程质量验收规范》（GB 50207—2002）的规定，本工程屋面防水等级为二级，防水层耐久年限为15年，两道防水设防，防水材料为3+3mm厚SBS改性沥青防水卷材。

· 卫生间：采用1.5mm厚单组分聚氨酯防水涂料。墙面做防水层（1800mm高）。卫生间施工完成面最高点比厅房施工完成面低20mm。

· 独立洗衣机位地漏1m范围内做防水，坡向地漏，防水材料为1.5mm厚单组分聚氨酯防水涂料。

· 防水材料选用的一般要求

（1）工程中所使用的防水材料应有产品的合格证书和性能检测报告，材料的品种、规格、性能等级应符合现行国家产品标准和设计要求。材料进场后，施工单位应按规定取样复试，提出实验报告，不合格的材料不得在工程中应用。

（2）不同种类的防水材料在复合使用及配合使用时应注意其相容性，不得相互腐蚀、相互破坏，起不良的物理、化学作用。

（3）防水工程使用的辅助、配套材料及配件应与防水材料相配套且材性相容，在配合使用时不得相互腐蚀、相互破坏，起不良的物理、化学作用。

· 防水构造一般要求

（1）防水构造做法详见相关的防水节点大样图、外墙大样图、材料做法大样图，图中未详尽注明的部分应按照《地下工程防水技术规范》施工。

（2）基层与突出屋面结构（女儿墙、立墙、天窗壁、变形缝、出屋面管道等）的连接处以及其他转角处，如水落口、檐口等，均应做成圆弧。内排水水落口周围应做成略低的凹坑。

（3）附加卷材及接缝处处理方法应符合国家及地方有关技术规定，所有转角处及防水薄弱处均应加铺附加防水层，除图中注明外附加防水层每边铺出不小于300 mm。

（4）经设计方及监理方认可后，在不影响工程造价及工期的前提下，也可部分采用防水厂家提供的防水节点。

（5）防水施工应严格遵循国家《地下工程防水技术规范》、《屋面工程技术规范》、《地下防水工程质量验收规范》及其他相关的国家及地方的施工规范规程。

7. 电梯选型

按照甲方要求，本工程电梯井道暂按尺寸1900 mm×2050 mm设计，载重825 kg，梯速2.0 m/s。电梯机房及井道采用隔声减噪处理，见材料做法表。每个单元均设有一部客用电梯，通达地上、地下各楼层，电梯按照无障碍设施要求进行设计。甲方应在施工前确定电梯厂家及电梯装修标准、型号，并由电梯厂家提供有关施工安装图，确定预埋件、预留洞位置，现场配合施工。

8. 门窗工程

本工程住宅及配套用房的外门窗及封阳台窗为双层中空玻璃塑钢推拉窗（6+12A+6），设带框纱扇。卫生间窗采用磨砂玻璃；所有外门窗均设钢附框。地下室为塑钢推拉窗。

· 建筑外窗物理性能

抗风压性能：多层建筑抗风压性能不小于3000 Pa（5级）。

气密性能：1~6层建筑不应低于6级。

水密性能：不应低于3级。

保温性能：不应低于7级，传热系数2.7W／（m^2·K）。

隔声性能：应采用隔声性能较好的外窗，采用中空玻璃窗，隔声性能应不小于30 dB。楼板不应小于40 dB，分户墙不应小于40 dB，户门不应小于25 dB。

· 根据《建筑安全玻璃管理规定》（发改运行［2003］2116号）的要求，建筑物需要以玻璃作为建筑材料的下列部位必须使用安全玻璃。

（1）7层及7层以上建筑物外开窗。

（2）面积大于1.5 m^{2}的窗玻璃或玻璃底边离最终装修面小于900 mm的落地窗。

（3）幕墙（全玻幕墙除外）。

（4）倾斜装配窗、各类天篷（含天窗、采光顶）、吊顶。

（5）观光电梯及其外围护。

（6）室内隔断、浴室围护和屏风。

（7）楼梯、阳台、平台走廊的栏板和中庭内栏板。

（8）用于承受行人行走的地面板。

（9）水族馆和游泳池的观察窗、观察孔。

（10）公共建筑物的出入口、门厅等部位。

（11）易遭受撞击、冲击而造成人体伤害的其他部位。

· 门窗防水节点做法参见08BJ2-9外墙外保温图集。

9. 基本设施及做法

· 本项目装修标准执行现行北京市住宅工程初装修设计要求和施工（验收）条件。住宅户内及配套服务用房内部为初装修交活，只完成基层处理，留出装修面，其他公用部分施工时装修到位。

· 各单元楼门为电控喷塑钢框安全防护门；户门选用普通成品多功能防盗门，规格1000 mm×2200 mm，单扇开启，施工时安装到位。屋顶楼梯间、水箱间、电梯机房门、自行车坡道门为成品钢制防盗门。

· 户内木门施工时不安装。户内居室门规格900 mm×2100 mm，厨卫门800 mm×2100 mm；户内卫生间门实际安装时，下部距地面完成面应留出不小于30 mm的缝隙，或在下部设有效截面积不小于0.02 m²的固定百叶。

· 厨房、卫生间均设有自然通风道。厨房油烟机设烟道排油烟。厨房、卫生间选用成品通风道。图集号88JZ57。

· 每个居室均考虑分体空调机的设置，空调室外机位置统一设计，冷凝水集中排放。起居室按柜机设计，其他房间按挂机设计，空调机穿墙洞口位置以不影响立面美观为原则。

· 居民信报箱在各单元首层门禁外设置，留出位置，由甲方选用成品信报箱。

· 电梯井道及电梯机房应采取隔声减噪措施，做法详见华北标08BJ1-1图集，D137页。

· π接室外窗加成品护栏和钢板网。

· 住宅室内空气污染物的活度和浓度应符合《住宅建筑规范》表7.4.1的规定。

· 首层外窗设红外报警和门磁，符合《北京市住宅区及住宅安全防范设计标准》（DOBJ01-608—2002）第2.4.1、2.4.2条。

10. 施工图一般说明

（一）施工图纸基本说明

· 本套施工图中若有未详尽表述之处，不得擅自施工，应与设计方配合提出方案后方可施工。

· 图例：以国家制图规范为准，特殊图例见各图纸图例表示。

· 图纸单位：总平面图：m；标高：m；其他图纸尺寸：mm。

· 施工图纸修改：设计人有权在委托方认可的条件下对施工图进行修改。

· 施工图等效文件：施工图交底会审纪录、施工洽商记录、施工图变更记录。

· 本设计需经北京市有关主管部门批准后方可施工。

· 现场资料参见业主提供的设计条件及现场勘察资料，但此资料"仅为参考资料"，施工承包单位应核实所有现场资料，设计方对此资料的准确性及完整性不负任何责任。

· 本套施工图所示详图的意图在于指出本工程要求的详图的轮廓、类型，某些未特别绘出部分与本详图类似。

· 本说明未尽事宜应严格按施工验收规范及北京市的有关标准、规定进行施工。

（二）对材料、设备的一般要求

· 本工程所用材料的规格、施工及验收要求均应符合国家现行规定及标准。

· 本工程使用的材料均为施工图中注明的或同等以上的材料。对于材料的颜色、施工做法有规定要求的，应在施工前提供材料样本及施工方案，经设计人认可后方可进行施工。

· 本工程使用的材料及相关产品选用，装修材料的颜色、质感等需经设计人认可。

· 不同材料间会引起褪色、染色、老化或其他不良影响的材料应彼此绝对分开。

· 防火材料不得含有石棉纤维、粉尘颗粒。

（三）施工注意事项

· 施工单位在施工前应对设计图纸进行必要的校对，如发现问题应及时通知设计方，由设计方协调解决。

· 墙体施工时，应先校对各专业图纸，待墙体所有土建、设备及电气管道留洞准确后方可施工，施工单位各专业间应密切配合，严格检查，如发现问题应及时通知设计方协商解决，不得擅自按单方图纸施工。

· 所有管道及施工应待设备安装完毕后以防火密封材料封严堵实。

· 所有设备电气竖井墙体应待设备管道安装完成后，浇板浇筑完成后方可砌筑。

· 填充墙、轻隔墙均应做至结构板顶部并封严。

· 本工程中混凝土构造墙体留缝处应采用钢丝网抹灰以防止开裂。

· 砌块墙体应按规定设置构造柱及圈梁，构造柱及圈梁与砌块墙体间应有可靠拉结，构造柱及圈梁的布置及规格详见本工程结构设计总说明中相关条目及结构部分相关图纸。

· 凡靠墙木构件、木门楣等材料均应事先涂刷防腐剂或氟化钠两道。

· 所有木装修均需率先在背板及龙骨上按规范要求涂刷防火涂料。

· 室内外所有露明金属构件，如吊挂、支撑钢杆件、埋铁等均须除锈后，先刷铁红防锈漆两道，再做油漆；各项油漆均由施工单位制作样板，经设计确认后进行封样，并据此进行验收。

　　·防火门窗一般要求

（1）双扇及多扇防火门应具有顺序关闭的功能。

（2）所有防火门均应安装闭门器，无门垛的防火门应将闭门器安装在开启方向的反面。

设计总说明表达要点：包括设计依据、项目概况、设计范围、标高、墙体材料、节能设计、消防设计、防水设计、电梯设计、门窗工程、基本设施做法、施工图说明及施工注意事项、室内外材料做法表、门窗表等。

节能设计

1. 建筑节能执行北京市《居住建筑节能设计标准》（DBJ11-602-2006）。

2. 设计住宅为五层板式建筑，朝向为正朝南，体形系数S=0.43。

3. 建筑结构形式为剪力墙结构，节能采用外墙外保温体系，墙身细部应采取断桥保温措施，包括女儿墙及檐口、空调板、飘窗板、封闭阳台、窗口、勒脚及窗井等部位，做法见88J2-9图集P14-22。

4. 外墙外保温用材技术条件应符合08BJ1-1图集B104页的《外墙外保温用材技术条件》的各项要求。

5. 屋顶、外墙等部位围护结构节能设计

序号	部位		保温材料	保温材料厚度/mm	构造做法	传热系数 kW/(㎡·K)	补充说明
1	屋顶	平屋顶	挤塑聚苯板	50	08BJ1-1平屋3	0.57	屋顶层上人屋面（倒置屋面防滑地砖面）
		平屋顶	挤塑聚苯板	50	08BJ1-1平屋8	0.57	不上人屋面、封闭阳台顶板（倒置屋面细石混凝土面）
		坡屋顶	挤塑聚苯板	55	08BJ1-1坡屋4	0.57	（钢挂瓦条）彩色水泥瓦
2	外墙	1	膨胀聚苯板	80	08BJ1-1外墙51	0.54	钢筋混凝土外墙保温构造，面砖饰面
3	凸窗	顶板	挤塑聚苯板	40	08BJ1-1凸屋温1	0.76	凸窗顶部屋面保温
		底板	挤塑聚苯板	40	08BJ1-1棚温1B	0.76	保温顶棚
4	接触室外空气的地板		挤塑聚苯板	60	08BJ1-1棚温1A	0.47	封闭阳台底板保温
5	不采暖房间上部地板		超细无机纤维	60	08BJ1-1棚温3B	0.54	地下一层顶板防火保温顶棚
6	不采暖楼梯间及公共部分	墙体	膨胀聚苯板	80	08BJ1-1外墙51	0.54	钢筋混凝土外墙保温构造，面砖饰面
		户门				2	
7	下层为采暖房间的不采暖房间的地板		挤塑聚苯板		08BJ1-1楼温5E		
8	封闭式变形缝保温		发泡聚乙烯保温条填实	100	08BJ1-图集B96页缝1		

6. 外门窗及屋顶天窗节能设计

（1）各朝向外门窗窗墙比 东：0.11；西：0.11；南：0.47；北：0.22。

（2）本项目无坡屋顶及天窗。

（3）外门窗构造做法及性能指标。框料选型：断桥铝合金；玻璃种类：双玻中空；空气间隔厚度：12mm；传热系数：2.7kW/(m²·K)。

（4）中空玻璃单片厚度应符合《建筑玻璃应用技术规程》的有关规定。

材料做法表（采用08BJ1-1图集）

部位	房间名称	楼面			内墙		顶棚		踢脚		备注
		做法	编号	厚度（mm）	做法	混凝土墙	做法	编号	做法	混凝土墙	
住宅楼地上部分	厨房	铺地砖楼面/铺地砖保温楼面	楼12A-1	90	薄型面砖墙面	内墙9C	刷涂料顶棚	棚2A	无		住宅户内为初装修，施工时不做面层。楼面预留20mm厚的面层做法。
	卫生间	铺地砖防水楼面	楼12F-1	90	薄型面砖墙面（防水）	内墙10C-f2	刷涂料顶棚	棚2A	无		
	户内居室、走道、阳台、储藏间等	铺地砖楼面/铺地砖保温楼面	楼12A-1	90	耐水腻子墙面	内墙4C	刷涂料顶棚	棚2A	无		
	首层大堂及电梯厅	铺地砖保温楼面	楼12A-1	90	涂料墙面	内墙3C，内涂1	刷涂料顶棚	棚2A	地砖踢脚	踢3C	内墙做法需根据墙体材料的不同分别选用A-E的做法，以下做法相同。
	标准层电梯厅	水泥楼面	楼3D	20	涂料墙面	内墙3C，内涂1	刷涂料顶棚	棚2A	水泥踢脚	踢2C	
	楼梯间	水泥楼面	楼3D	20	涂料墙面，合成树脂乳液涂料	内墙3C，内涂1	刷涂料顶棚	棚2A	水泥踢脚	踢2C	
	电梯机房、电梯井道	电梯机房隔声楼面	楼C1	110	隔声墙面	内墙C1	隔声顶棚	棚C2	水泥踢脚	踢2C	电梯井道及电梯机房隔声做法见图集D137页
	屋顶水箱间	细石混凝土防水楼面	楼1F	60	涂料墙面，合成树脂乳液涂料	内墙3C，内涂1	刷涂料顶棚	棚2A	水泥踢脚	踢2C	
住宅地下一层	电梯厅	水泥楼面	楼3D	20	涂料墙面	内墙3C，内涂1	刷涂料顶棚	棚2A	水泥踢脚	踢2C	
	楼梯间	水泥楼面	楼3D	20	涂料墙面，合成树脂乳液涂料	内墙3C，内涂1	刷涂料顶棚	棚2A	水泥踢脚	踢2C	
	自行车库、走道、设备用房	细石混凝土楼面	楼1A-1	35	涂料墙面，合成树脂乳液涂料	内墙3C，内涂1	刷涂料顶棚	棚2A	水泥踢脚	踢2C	

注：坡屋面材料做法如下。

一、地面面层 楼12B，地砖为5～10mm厚白色防滑地砖，白水泥浆擦缝。

二、顶棚 棚17B，取消面层做法，改为白色防水防霉涂料。

三、墙面 取消原内墙52C、52D2做法，改为内墙4C-N（涂料要求白色防水防霉）。

平屋面做法

平屋4（小屋面）-倒置式混凝土面层，50厚挤塑聚苯板保温，传热系数0.57，防水层为3mm+3mm厚SBS改性沥青防水卷材，防水等级Ⅱ级。

平屋3（大屋面）-倒置式防滑地砖面，50厚挤塑聚苯板保温，传热系数0.57，防水层为3mm+3mm厚SBS改性沥青防水卷材，防水等级Ⅱ级。

室外工程做法

台阶 台4B，开凹槽花岗石板台阶；散水 散1，混凝土散水，宽度800mm；无障碍坡道 坡1A，麻面细石混凝土坡道。

地下工程防水做法（Ⅱ级防水）

防水层为4mm厚SBS改性沥青防卷材，隔离层材料为0.4mm厚聚氯乙烯薄膜。

其他做法（除特殊注明外，均采用08BJ1-1图集）				

保温做法

编号	做法名称	传热系数	做法/mm	应用部位
外墙51M	粘贴聚苯板，面砖饰面	0.54	80厚膨胀聚苯板	外墙保温
地外温1	地下室外墙保温	0.5	60厚塑模聚苯板兼做防水层保护层	地下室外墙防水保护层兼保温
内墙温2B	保温内墙面	1.5	抹35厚膨胀玻化微珠保温（总厚40）	住宅户内与不采暖公共部分之间的墙面
凸屋温1	凸窗顶部屋面保温	0.76	40厚挤塑聚苯板保温，加防水	凸窗顶板的保温防水
棚温1B	保温顶棚	0.76	40厚挤塑聚苯板	凸窗底板保温
棚温1A	保温顶棚	0.47	60厚挤塑聚苯板	接触室外空气的楼板板底保温（窗井处的楼板保温）
棚温3B	防火保温顶棚	0.54	喷涂60厚超细无机纤维	不采暖地下一层顶棚保温
缝1	变形缝保温	0.8	100厚发泡聚乙烯保温条	变形缝处外保温，见图集B96页

外墙外保温用材技术条件应符合08BJ1-1图集B104页的《外墙外保温用材技术条件》的各项要求。

室外工程做法

台阶 —— 台4B，开凹槽花岗石板台阶。

散水 —— 散1，混凝土散水，宽度800mm。

无障碍坡道 —— 坡1A，麻面细石混凝土坡道。

屋面做法

平屋4（小屋面）—— 倒置式混凝土面层，50mm厚挤塑聚苯板保温，传热系数0.57，防水层为3+3mm厚SBS改性沥青防水卷材（防水等级II级）。

平屋3（大屋面）—— 倒置式防滑地砖面，50mm厚挤塑聚苯板保温，传热系数0.57，防水层为3+3mm厚SBS改性沥青防水卷材（防水等级II级）。

地下工程防水做法（二级防水）

防水层为4mm厚SBS改性沥青防水卷材，隔离层材料为0.4mm厚聚氯乙烯薄膜。

门 窗 表

类型		设计编号	洞口尺寸/mm×mm（宽×高）	数量				备注	图集名称
				地下一层	首层—四层	跃层	合计		
塑钢窗	窗	SC0609	600×900	2×2			4	地下室双层中空玻璃塑钢推拉窗(带纱扇) 外窗加防护栏杆	参见88J13-1
		SC1009	1000×900	2×2			4		
		SC1509	1500×900	2×2			4		
铝合金门窗	窗	C1012	1000×1200			2×2	4	内平开加上悬断桥铝合金中空双玻窗(6+12A+6),开启部位设隐形纱扇,外窗窗台高度低于900mm内侧加安全防护栏杆,外窗传热系数2.8w/(㎡·K)。首、二层及顶层外窗作红外线报警 东西向楼梯和卫生间窗,采用磨砂玻璃	详门窗大样
		C1512	1500×1200			6×2	12		
		C2112	2100×1200			2×2	4		
		GC1009	1000×900		2×2		4		
		C1015	1000×1500		2×2		4		
		C1315	1300×1500		4×2		8		
		C1515	1500×1500		16×2		32		
		C1815	1800×1500		4×2		8		
		C0915	900×1500		4		4		
		C1215	900×1500		4		4		
	阳台门窗	ZJC	(1000+2880)×2200		6×2		12		详门窗大样
		TLM2724	2700×2400		6×2		12		
钢质防火门		0820GF3	800×2000	2			2	丙级防火门	
		1520GF1	1500×2000	1			1		
户内门		M1	900×2100		24×2		48	用户自理	参见88J13-4 木门
		M1改	900×1800	6×2		14×2	40		
		M2	800×2100		12×2		24		
		TLM1521	1500×2100		4×2		8		
户门		HM1	1000×2100		2×2		4	成品多功能防盗门	详加工订货
		HM2	1000×2100		2×2		4		

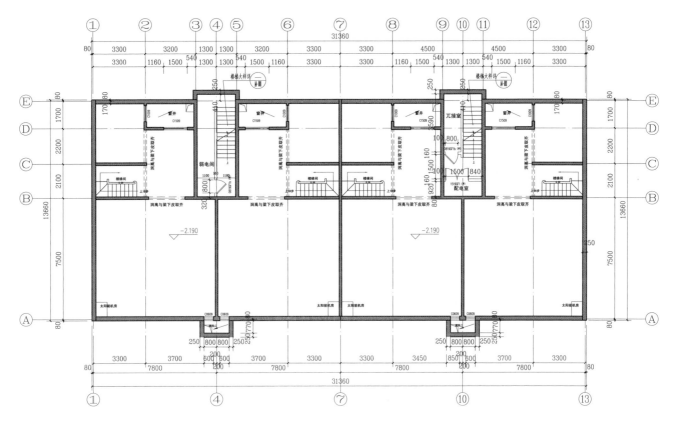

A单元　　A单元

地下一层平面（设备夹层）　1:100

说明：
1. 配电盘大小及定位 详电气图
2. 消火栓大小及定位 详设备图

3. 本层除特殊注明外，内承重墙
   厚均为160mm，轴线中分
   外承重墙厚均为160mm，轴线中分

索引：
楼梯详图详
建A4-001
建A4-002

外墙详图详：
建A5-001　　建A5-002
建A5-003　　建A5-004
建A5-005

图例：
▉　钢筋混凝土墙
▢　陶粒混凝土墙
◣　消火栓　栓口距地 1100mm
▱　集水坑500mm×500mm×300mm

4
建筑施工图设计与表达

平面图表达要点：

1. 平面图样：建筑剖切实体断面（墙柱、门窗等）用粗实线表示；俯视看到的家具、构配件、边界线等用细实线表示；剖切面上重要部件的边线投影、垭口用虚线表示。钢筋混凝土墙一般要灰度填充，二次结构墙不填充。

2. 定位定量：定位轴线及其编号；墙体、洞口、构配件尺寸及定位尺寸；竖向标高标注（二层平面除轴线间等主要尺寸及轴线编号外，与首层相同的尺寸可省略）。

3. 标示索引：图名、比例、指北针、户型名称、房间名称标示等；图例，说明，其他放大图、做法详图、剖面、图集等的索引。

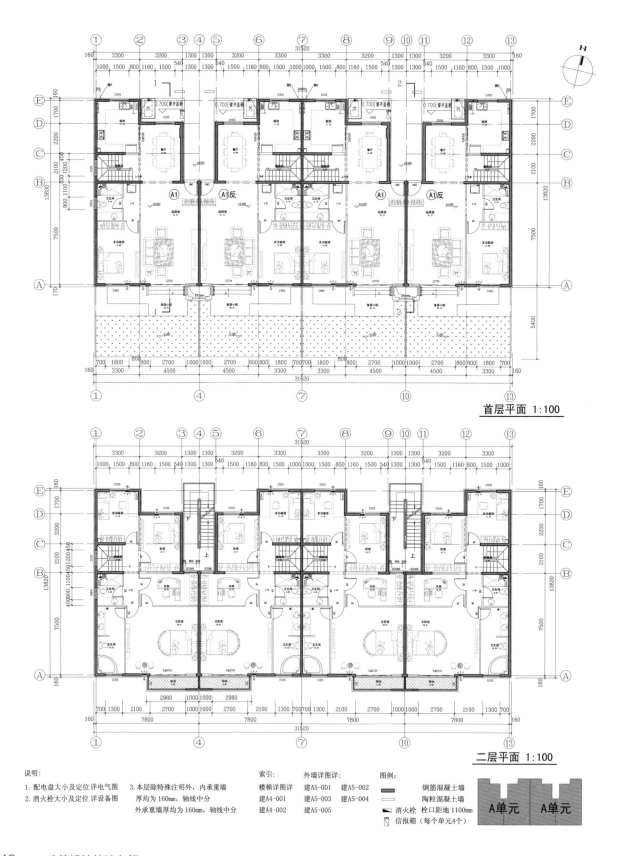

首层平面 1:100

二层平面 1:100

说明:
1. 配电盘大小及定位 详电气图
2. 消火栓大小及定位 详设备图
3. 本层除特殊注明外,内承重墙
   厚均为160mm,轴线中分
   外承重墙厚均为160mm,轴线中分

索引:
楼梯详图详
建A4-001
建A4-002

外墙详图详:
建A5-001   建A5-002
建A5-003   建A5-004
建A5-005

图例:
▬ 钢筋混凝土墙
☐ 陶粒混凝土墙
▬ 消火栓 栓口距地 1100mm
▯ 信报箱 (每个单元4个)

A单元   A单元

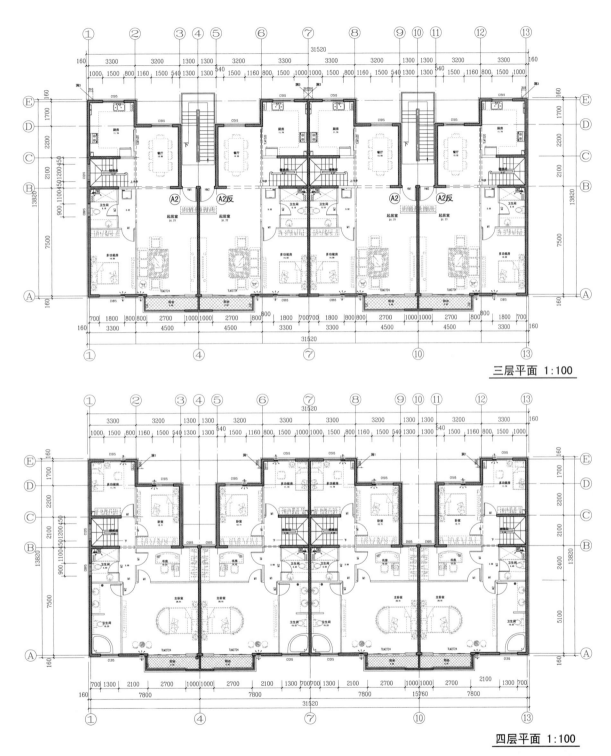

三层平面 1:100

四层平面 1:100

说明：
1. 配电盘大小及定位详电气图
2. 消火栓大小及定位 详设备图
3. 本层除特殊注明外，内承重墙
   厚均为160mm，轴线中分
   外承重墙厚均为160mm，轴线中分

索引：
楼梯详图详
建A4-001
建A4-002

外墙详图详：
建A5-001   建A5-002
建A5-003   建A5-004
建A5-005

图例：
▬▬ 钢筋混凝土墙
▭ 陶粒混凝土墙
◣ 消火栓   栓口距地 1100mm

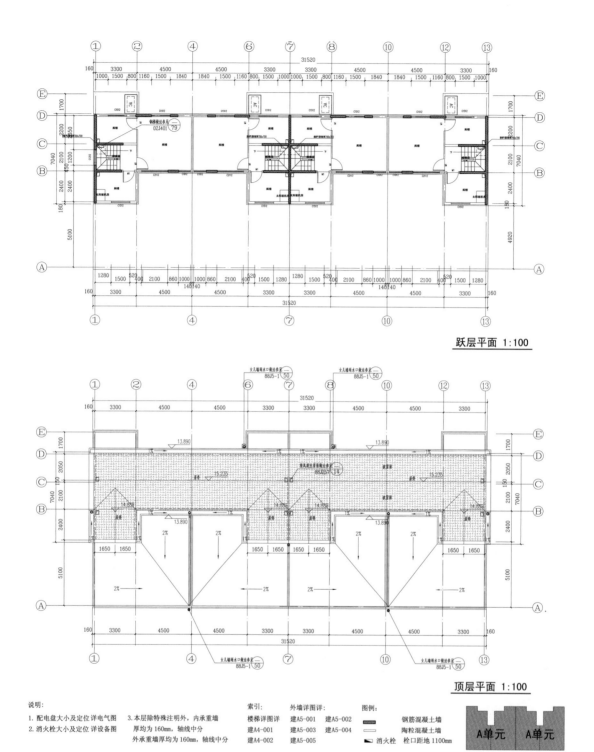

跃层平面 1:100

顶层平面 1:100

说明：
1. 配电盘大小及定位详电气图
2. 消火栓大小及定位详设备图

3. 本层除特殊注明外，内承重墙厚均为160mm，轴线中分
外承重墙厚均为160mm，轴线中分

索引：
楼梯详图详
建A4-001
建A4-002

外墙详图详：
建A5-001　建A5-002
建A5-003　建A5-004
建A5-005

图例：
▨　钢筋混凝土墙
▢　陶粒混凝土墙
▷　消火栓　栓口距地1100mm

A单元　　A单元

屋顶平面图表达要点：　1. 屋面平面应有女儿墙、檐口、天沟、坡度、坡向、雨水口、屋脊（分水线）、排风道出口、变形缝。
2. 图名比例、必要的详图索引号、竖向标高等。

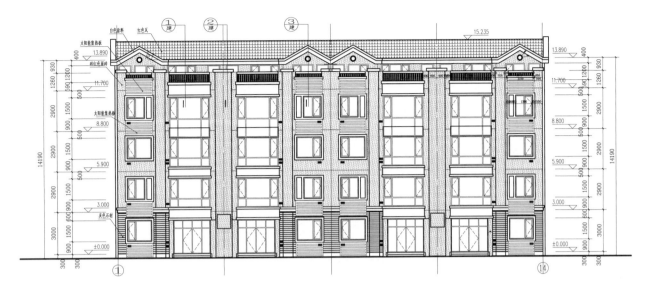

南立面图 1:100

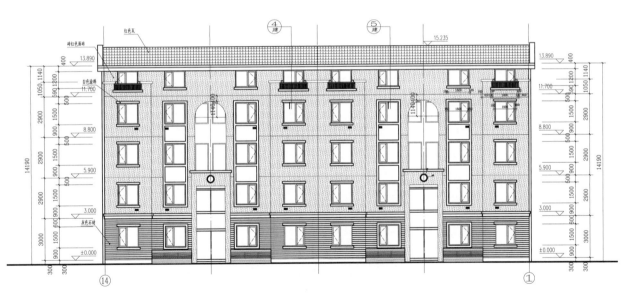

北立面图 1:100

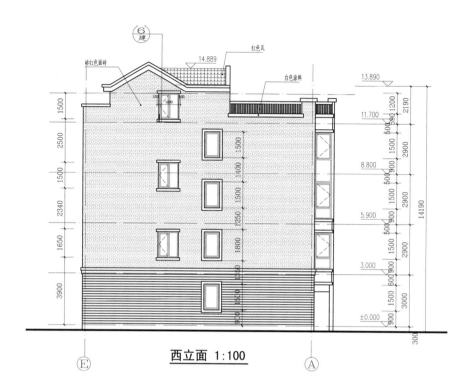

西立面 1:100

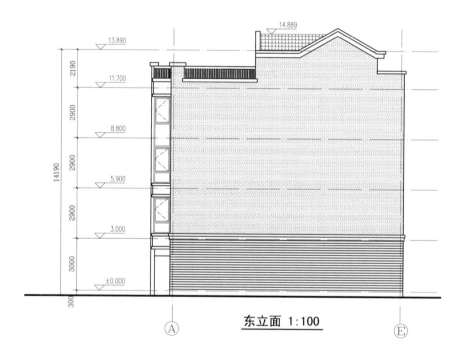

东立面 1:100

立面图表达要点：
1. 立面图样：建筑外轮廓线、墙面线脚、分格缝、构配件看线、墙面材质图例填充等。
2. 定量与定位：代表性标高（屋面檐口、女儿墙、室外地面、主入口处等）；墙面与洞口的尺寸与定位。
3. 标示与索引：两端和复杂部位的轴线与轴号、图名、比例、构造详图（墙身）索引、饰面材料标注等。

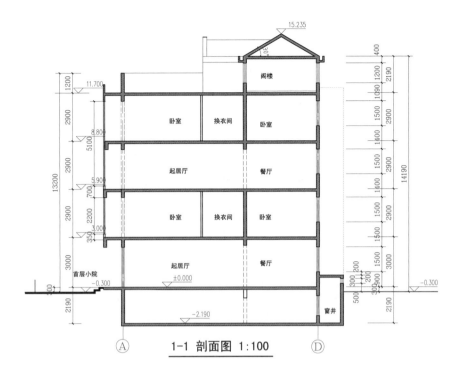

1-1 剖面图 1:100

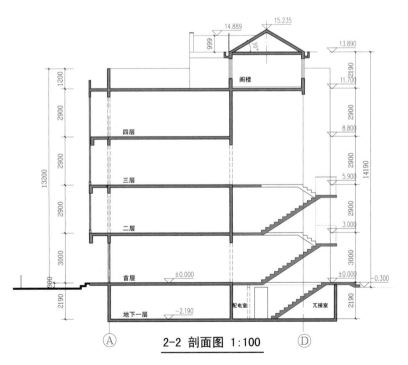

2-2 剖面图 1:100

剖面图表达要点：

1. 剖面图样：剖切到的建筑实体用粗实线和图例表示；剖切方向所见构配件轮廓线用细实线表示。
2. 标高与尺寸：标注主要结构和建筑构件的标高；外部高度三道尺寸，内部高度尺寸。
3. 标示与索引：两端及高度变化处的轴线轴号、图名、比例、房间名称、节点构造详图的索引等。

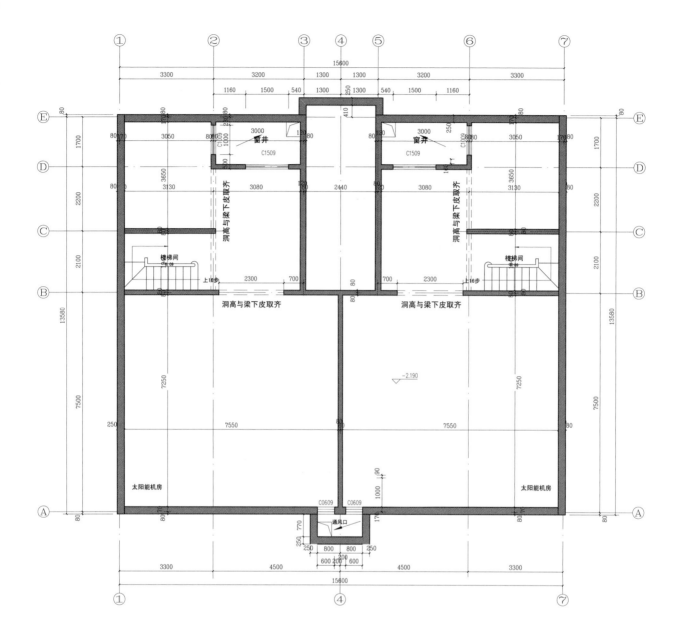

A单元设备夹层（地下室）

单元放大图表达要点：

1. 图样信息除了建筑的墙柱、门窗表达外，重点把房间内的家具、设备设施等内容表示清楚。为将来装修预设的空间也可用细线表示出来。

2. 房间内家具、设备设施的尺寸及其与墙体的相互定位关系。

3. 图名和比例、图例、说明、套型面积指标、房间名称及面积、各种设备设施名称、索引（其他图集或者详图做法）等。

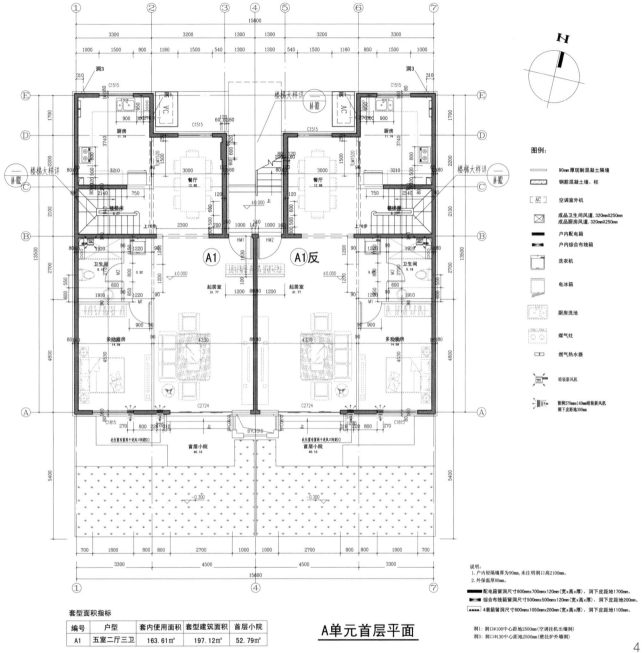

图例：

	90mm厚现制混凝土隔墙
	钢筋混凝土墙、柱
AC	空调室外机
	成品卫生间风道，320mmX250mm 成品厨房风道，320mmX250mm
	户内配电箱
	户内综合布线箱
	洗衣机
	电冰箱
	厨房洗池
	煤气灶
	燃气热水器
	暗装新风机
	预留270mm140mm暗装新风机 洞下皮距地300mm

说明：
1. 户内轻隔墙厚为90mm，未注明洞口高2100mm。
2. 外保温厚80mm。

■■■ 配电箱留洞尺寸600mmx700mmx120mm（宽x高x厚），洞下皮距地1700mm。
■■■ 综合布线箱留洞尺寸500mmx500mmx120mm（宽x高x厚），洞下皮距地200mm。
■■■ 4表箱留洞尺寸600mmx1050mmx200mm（宽x高x厚），洞下皮距地1100mm。

洞1：洞口φ100中心距地2500mm（空调挂机出墙洞）
洞3：洞口φ130中心距地2500mm（壁挂炉外墙洞）

套型面积指标

编号	户型	套内使用面积	套型建筑面积	首层小院
A1	五室二厅三卫	163.61㎡	197.12㎡	52.79㎡

A单元首层平面

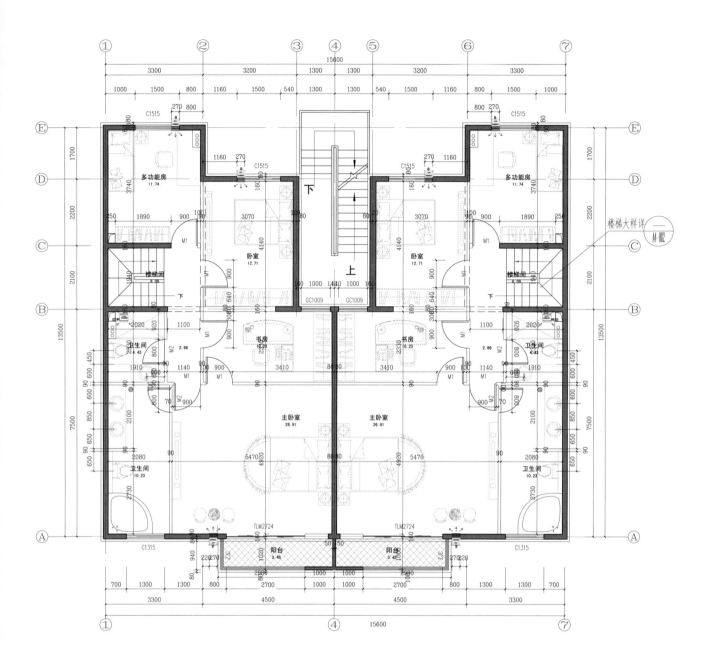

A单元二层平面

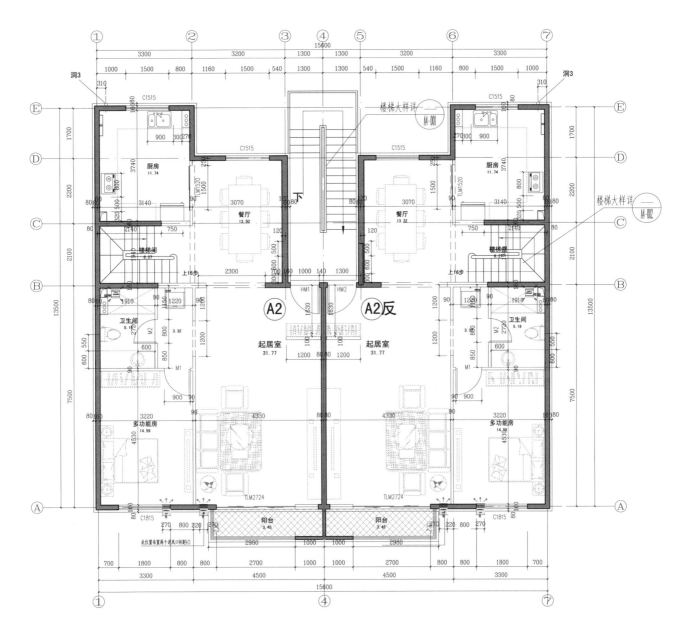

A单元三层平面

套型面积指标

编号	户型	套内使用面积	套型建筑面积
A2	五室二厅三卫	168.93m²	203.53m²

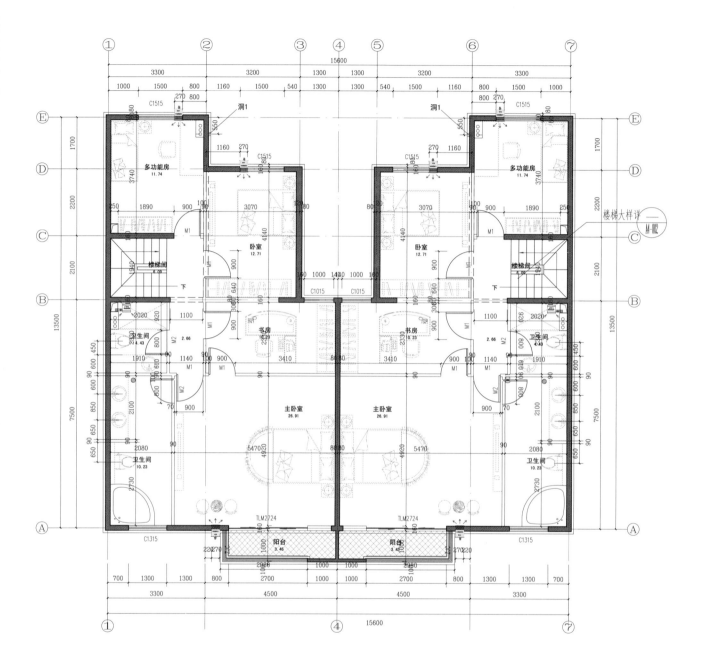

A单元四层平面

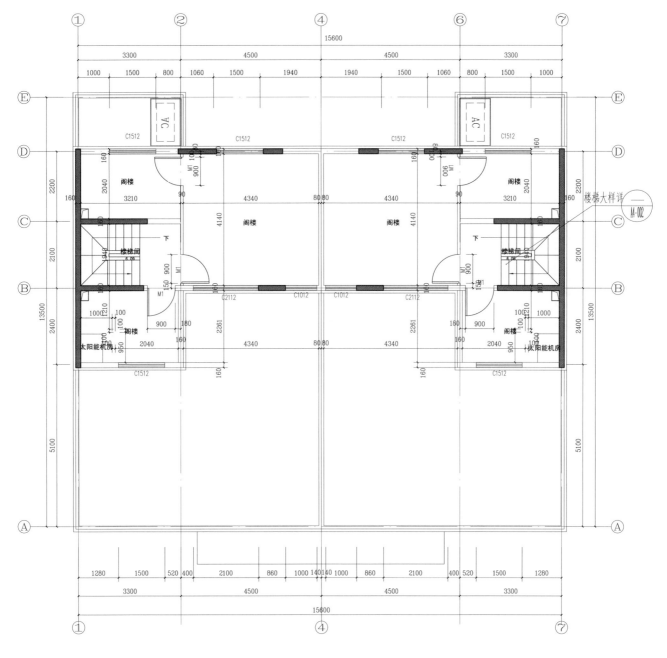

A单元跃层平面

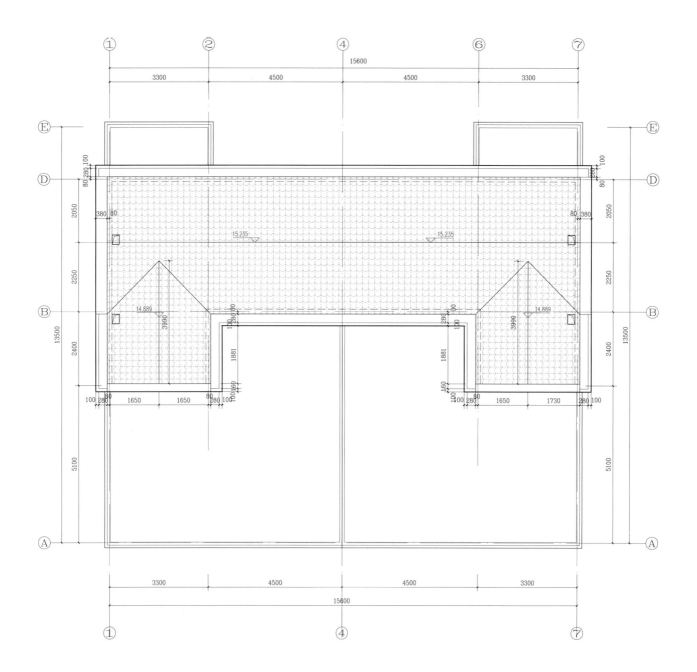

A单元顶层平面

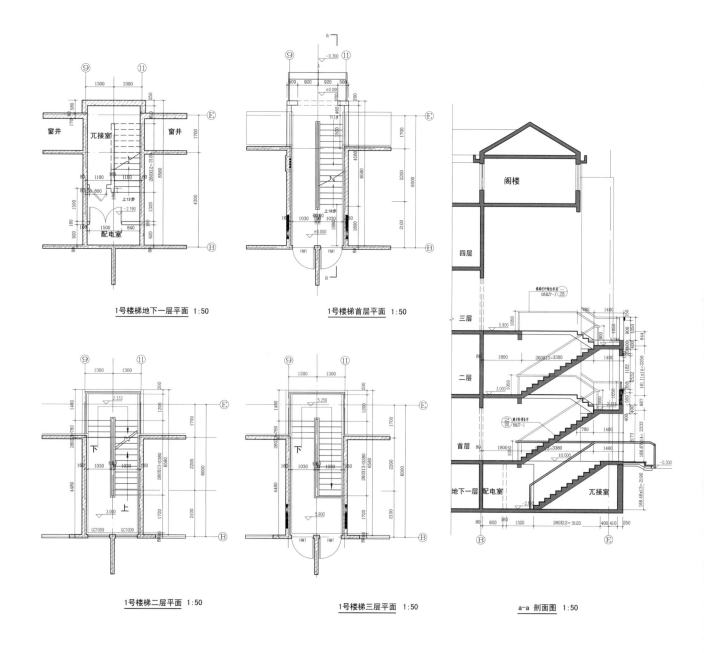

1号楼梯地下一层平面 1:50

1号楼梯首层平面 1:50

1号楼梯二层平面 1:50

1号楼梯三层平面 1:50

a-a 剖面图 1:50

楼梯详图表达要点：

1. 图样信息：楼梯各层平面、剖面：墙柱、过梁、踏步、平台、梯井、栏杆、与之相接的各层楼板、墙体，其中踏步剖面结构线要用粗线表示，内部图例填充，结构线与构造做法面层线区分清晰。

2. 标高尺寸：重点各层楼地面、楼梯平台标高（完成面标高）；楼梯踏步的高宽尺寸及与各个楼地面、平台的关系。为了便于与结构专业配合，一般要把楼梯踏步结构边界尺寸表达清楚，结构边界加上做法层为完成面。

3. 标示和索引：轴线和轴号，图名和比例；踏步做法、栏杆与扶手等详图索引。

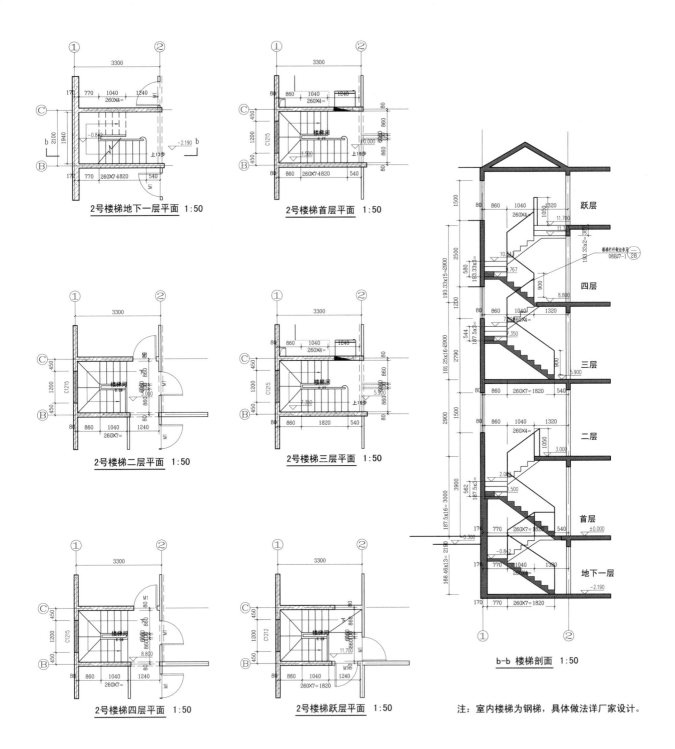

2号楼梯地下一层平面 1:50

2号楼梯首层平面 1:50

2号楼梯二层平面 1:50

2号楼梯三层平面 1:50

2号楼梯四层平面 1:50

2号楼梯跃层平面 1:50

b-b 楼梯剖面 1:50

注：室内楼梯为钢梯，具体做法详厂家设计。

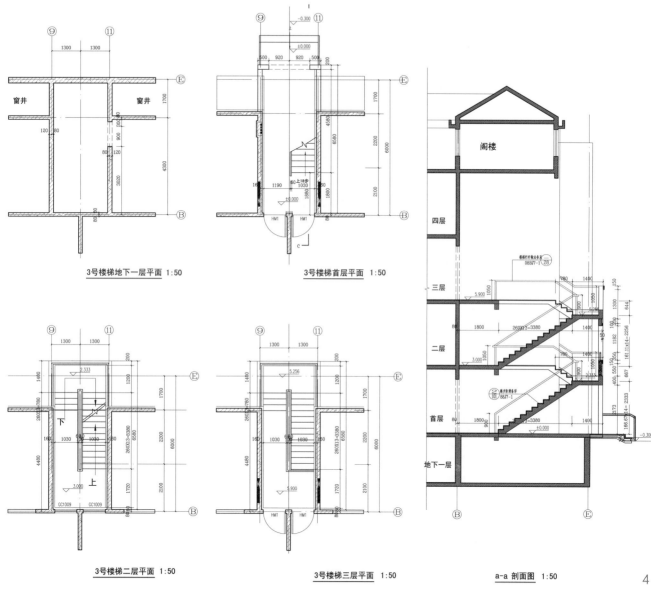

3号楼梯地下一层平面 1:50

3号楼梯首层平面 1:50

3号楼梯二层平面 1:50

3号楼梯三层平面 1:50

a-a 剖面图 1:50

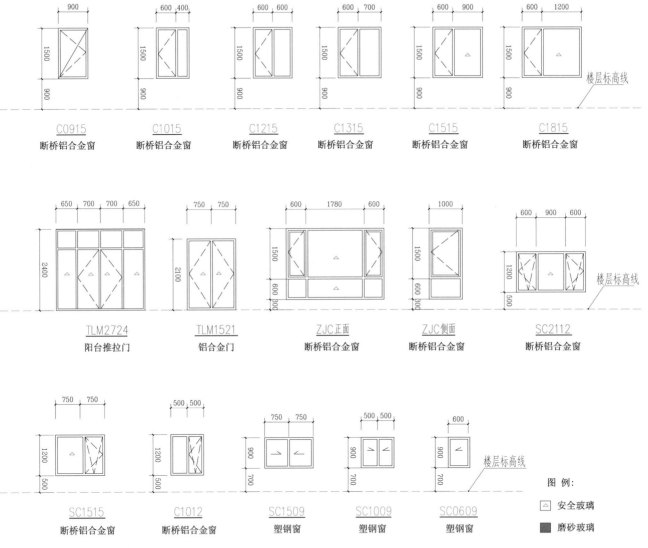

C0915
断桥铝合金窗

C1015
断桥铝合金窗

C1215
断桥铝合金窗

C1315
断桥铝合金窗

C1515
断桥铝合金窗

C1815
断桥铝合金窗

TLM2724
阳台推拉门

TLM1521
铝合金门

ZJC正面
断桥铝合金窗

ZJC侧面
断桥铝合金窗

SC2112
断桥铝合金窗

SC1515
断桥铝合金窗

C1012
断桥铝合金窗

SC1509
塑钢窗

SC1009
塑钢窗

SC0609
塑钢窗

图　例：

☐ 安全玻璃

■ 磨砂玻璃

说明：

1. 门窗生产厂家应由甲乙方共同认可，厂家负责提供安装详图，并配套提供五金配件。预埋
   件位置视产品而定，但每边不得少于两个。

2. 门窗安装应满足其强度、热工、声学及安全性等技术要求。

3. 门窗表和门窗详图尺寸均为洞口尺寸，其中转角窗为外边线尺寸。

4. 本工程门窗玻璃为6-12-6双白中空玻璃。

5. 空调机位和侧面楼梯间、卫生间处的窗玻璃为磨砂玻璃。

6. 所有外窗均在承重墙外口安装。

7. 门窗距地面900mm以下，单块玻璃面积≥1.5m²的部位要使用安全玻璃，加△标记。

8. 除特殊注明外，所有外窗均为从室外向内看。

门窗大样 1∶50

外墙详图表达要点：

1. 图样信息：基本信息与剖面图相同，重点表达出结构墙体、过梁（粗线）与做法层（细线）的区别，用细线表示出各个做法层，结构层和重点做法层（如保温、找坡层）要用图例填充，为了使重点部位画完整，可用折断线表示出略去的墙体。相关的建筑出入口、雨篷、台阶、栏杆、散水、铺地、地下室外墙地面等相关做法要一并画出。

2. 定位尺寸：轴线轴号，各个做法层的尺寸及其与层高线、轴线的关系，不同部位的完成面标高。

3. 标示索引：图名和比例，不同部位的墙面（地下部分、各层、屋檐、女儿墙）、屋面、相关楼地面、室内墙面、顶棚的做法引注图集或者引注详图。相关的建筑出入口、雨篷、台阶、栏杆、室外地面、散水、铺地、地下部分地面等相关做法要一并引注。

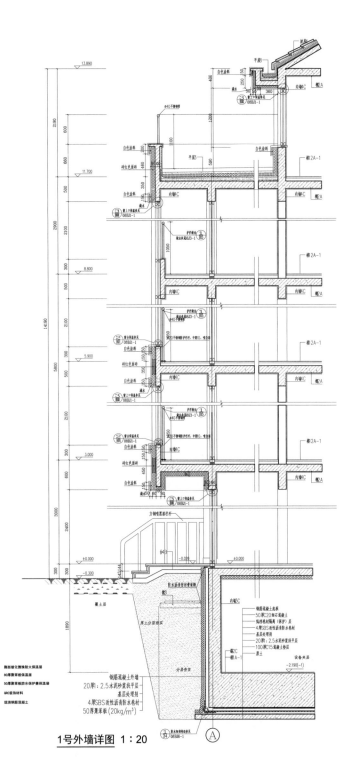

图例

1号外墙详图 1：20

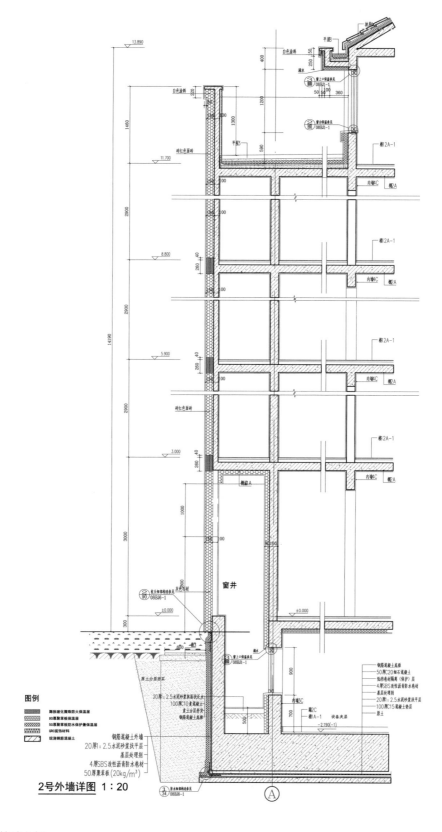

2号外墙详图 1：20

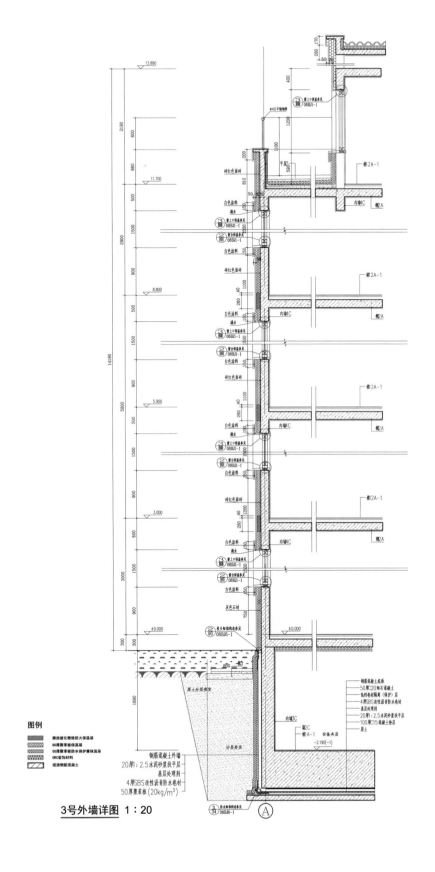

3号外墙详图 1：20

图例

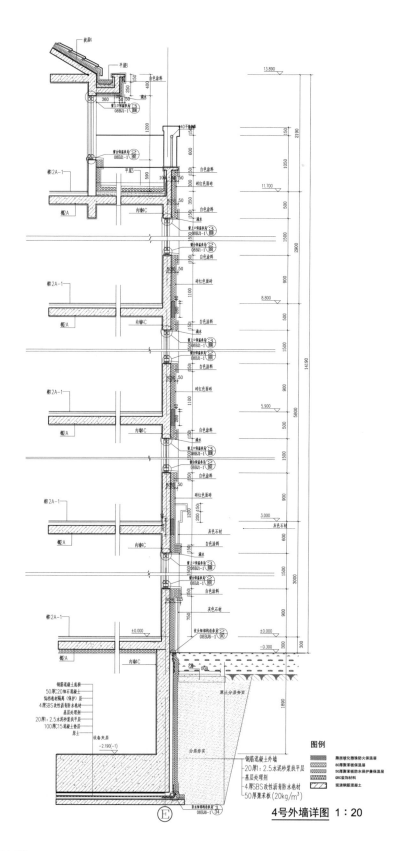

4号外墙详图 1：20

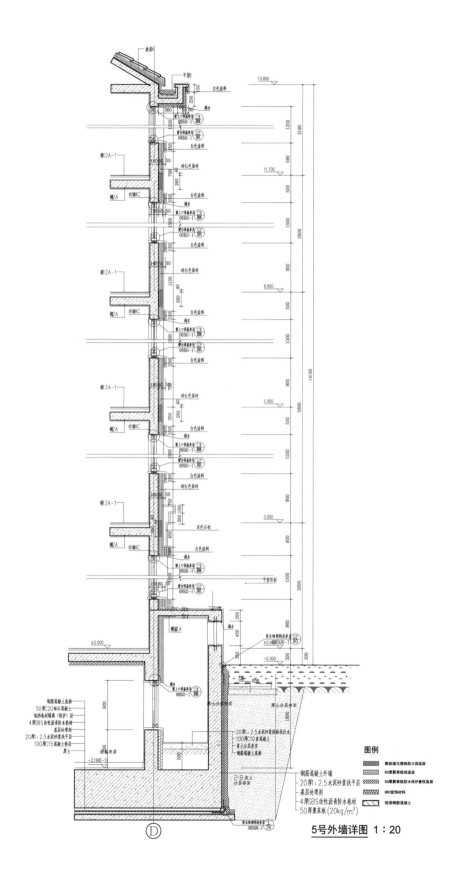

5号外墙详图 1：20

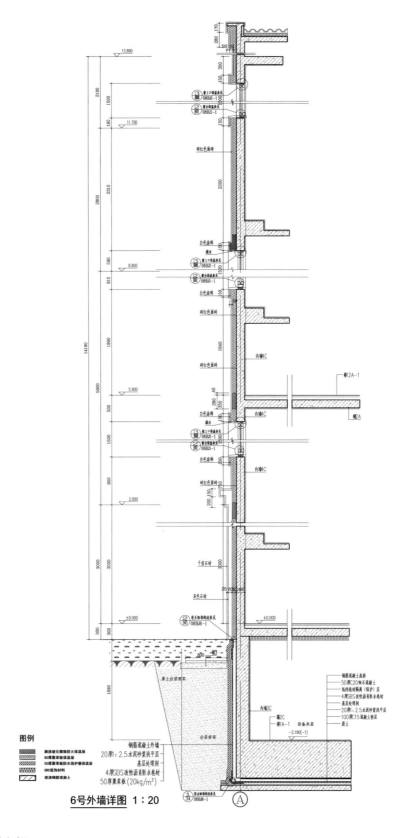

6号外墙详图 1：20

XX活动中心健身楼工程

建 筑 专 业 施 工 图

设计编号 _____

总 负 责 人 _____
总 建 筑 师 _____
项 目 负 责 人 _____

XXXX建筑设计研究院

图纸目录

序号	图号	版本号	图　　名	序号	图号	版本号	图　　名
			A0类：　总　体				A3类：楼梯大样
1	A0-001		总平面图(略)	14	A3-001		IV段1号楼梯大样图(一)
2	A0-002		设计总说明(略)	15	A3-002		IV段1号楼梯大样图(二)
3	A0-003		材料做法表	16	A3-003		IV段2号楼梯大样图(一)
4	A0-004		门窗表、门窗大样图	17	A3-004		IV段2号楼梯大样图(二)
			A1类：　平　面				A4类：　泳池 卫生间大样
5	A1-001		IV段一层平面图	18	A4-001		IV段游泳池详图
6	A1-002		IV段二层平面图	19	A4-002		IV段淋浴间、卫生间大样图
7	A1-003		IV段三层平面图				
8	A1-004		IV段四层平面图				A5类：　墙身详图
9	A1-005		IV段五层平面图	20	A5-001		3号、4号外墙详图
10	A1-006		IV段屋顶平面图	21	A5-002		2号、5号、6号外墙详图
				22	A5-003		1号、8号外墙详图
			A2类：　立面 剖面	23	A5-004		7号、9号外墙详图
11	A2-001		III段东、西立面图				
12	A2-002		III段北、南立面图				
13	A2-003		III段1-1、2-2剖面图				

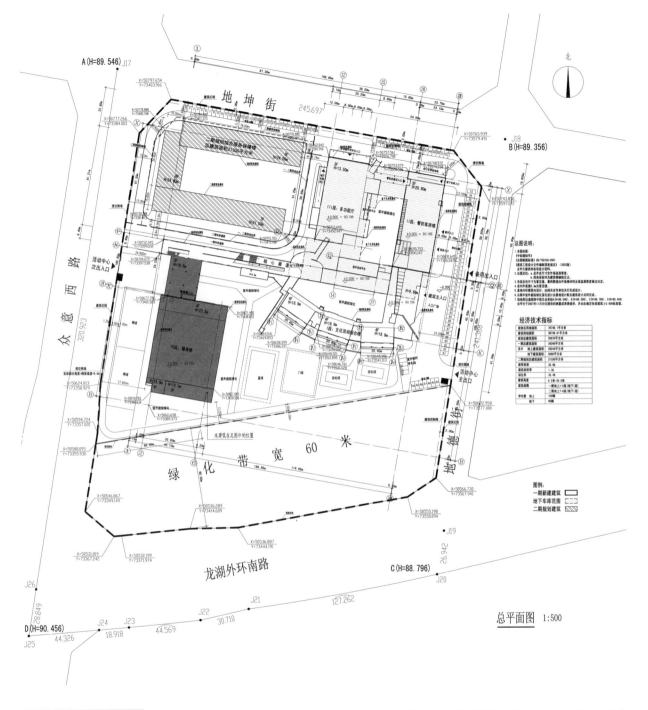

总平面图表达要点：

1. 图样内容：道路、红线、建筑控制线、建筑物、构筑物、地下车库范围及出入口、地面车位、室外场地布置等。景观设计、管线综合一般单独出图。

2. 尺寸标高：建筑物四角、红线、道路坐标，建筑物、道路等尺寸及定位，建筑物高度、层数、正负零标高，道路标高点。

3. 标示索引：图名比例，指北针风玫瑰图，图例，总图说明，经济技术指标。各建筑名称，出入口。健身楼在总图中的位置（灰度示意），其他索引等。

材料做法表

国标《工程做法》(05J909)

层	房间名称	楼地面 编号	楼地面 厚度(mm)	楼地面 材料	楼地面 耐火等级	踢脚 编号	踢脚 材料	踢脚 耐火等级	内墙面(墙裙) 编号	内墙面(墙裙) 材料	内墙面(墙裙) 耐火等级	顶棚 编号	顶棚 饰面材料	顶棚 耐火等级	备注
首层	门厅	楼17B	100	花岗石	A	踢6B1-1	花岗石	A	内墙7B-1	涂料	A	棚15C1	涂料	A	
	管理室	楼12B	100	地砖	A	踢5B-1	地砖	A	内墙7B-1	涂料	A	棚15C1	涂料	A	
	医务室	楼13B	100	地砖	A	踢5B-1	地砖	A	内墙7B-1	涂料	A	棚15C1	涂料	A	
	小超市	楼13B	100	地砖	A	踢5B-2	地砖	A	内墙7B-2	涂料	A	棚15C2	涂料	A	
	更衣、淋浴	地13A		专用地砖	A				内墙16B	面砖	A	棚35A-1	铝合金板条	A	满墙面防水。地板采暖。干思板皮装特板
	游泳馆	地72B		专用地砖	A				内墙21B2	埃特板	A	棚35A-1	铝合金板	A	满墙面防水
	机房	地2B		地砖	A	踢1C-1	地砖	A	内墙28A	岩棉吸声	A	棚11	吸声板	A	内有阻水门槛
	卫生间	地13A		防滑地砖	A				内墙16B	面砖	A	棚35A-1	铝合金板条	A	
	走道	地16B改	100	橡胶	B1	踢11B-1	橡胶	B1	内墙7B-1	涂料	B1	棚15C1	涂料	A	
	楼梯间	楼16A	25	橡胶	B1	踢11B-1	橡胶	B1	内墙7B-1	涂料	B1	棚5A-1	涂料	A	
	电气、设备井道(外)	楼1A	20	水泥	A	踢1C-1	地砖	A	内墙3C-3	涂料	A	棚3CA	大白浆	A	内有阻水门槛
二层	健身房	地39A	100	木地板	B1	踢7A1-1	硬木	B1	内墙7B-1	涂料	B1	棚15C1	涂料	A	垫层加厚
	核心筒球	地39A	120	木地板	A	踢7A1-1	硬木	A	内墙7B-1	涂料	A	棚15C1	涂料	A	垫层加厚
	核心筒廊道(外)	楼13B改	100	橡胶	B1	见外立面		B1	见外立面		B1	见外立面		A	
	走道	楼16B改	100	橡胶	B1	踢11B-1	橡胶	B1	内墙7B-1	涂料	B1	棚15C1	涂料	A	
	卫生间[门厅 开水间]	楼13B	120	防滑地砖	A	踢5B-1	地砖	A	内墙16B	面砖	A	棚35A-1	铝合金板条	A	内有阻水门槛
	楼梯间	楼16A	25	橡胶	B1	踢11B-1	橡胶	B1	内墙7B-1	涂料	B1	棚5A-1	涂料	A	
	电气、设备井道	楼1A	20	水泥	A	踢1C-1	地砖	A	内墙3C-3	涂料	A	棚3CA	大白浆	A	内有阻水门槛
三层	室内网球场	楼75A	50	运动橡胶	B1	踢11B-1	橡胶	B1	内墙7B-1	涂料	B1	棚15C1	涂料	A	球场专用聚氨酯橡胶
	排练、棋牌室	楼12B	100	地砖	A	踢5B-1	地砖	A	内墙7B-1	涂料	A	棚15C1	涂料	A	垫层加厚
	核心筒廊道(外)	楼13B改	100	橡胶	B1	见外立面		B1	见外立面		B1	见外立面		A	垫层加厚
	走道[门厅 管理 开水间]	楼16B改	100	橡胶	B1	踢11B-1	橡胶	B1	内墙7B-1	涂料	B1	棚15C1	涂料	A	
	卫生间[门厅 开水间]	楼13B	120	防滑地砖	A	踢5B-1	地砖	A	内墙16B	面砖	A	棚35A-1	铝合金板条	A	内有阻水门槛
	楼梯间	楼16A	25	橡胶	B1	踢11B-1	橡胶	B1	内墙7B-1	涂料	B1	棚5A-1	涂料	A	
	电气、设备井道	楼1A	20	水泥	A	踢1C-1	地砖	A	内墙3C-3	涂料	A	棚3CA	大白浆	A	内有阻水门槛
四层	乒乓球场	楼75B改	100	运动橡胶	B1	踢11B-1	橡胶	B1	内墙7B-1	涂料	B1	棚15C1	涂料	A	球场专用聚氨酯橡胶
	台球室	楼42B	100	地砖	A	踢7A1-1	硬木	A	内墙7B-1	涂料	A	棚35A-1	铝合金板条	A	垫层加厚
	管理	楼12B	100	地砖	A	踢5B-1	地砖	A	内墙7B-1	涂料	B1	棚15C1	涂料		垫层加厚
	核心筒廊道(外)	楼13B改	100	橡胶	B1	见外立面		B1	见外立面		B1	见外立面		A	
	走道	楼16B改	100	橡胶	B1	踢11B-1	橡胶	B1	内墙7B-1	涂料	B1	棚15C1	涂料	A	
	卫生间	楼13B	120	防滑地砖	A	踢5B-1	地砖	A	内墙16B	面砖	A	棚35A-1	铝合金板条	A	内有阻水门槛
	楼梯间	楼16A	25	橡胶	B1	踢11B-1	橡胶	B1	内墙7B-1	涂料	B1	棚5A-1	涂料	A	
	电气、设备井道	楼1A	20	水泥	A	踢1C-1	地砖	A	内墙3C-3	涂料	A	棚3CA	大白浆	A	内有阻水门槛

说明：不进人的各种竖井，可不做顶棚和踢脚。

泳池防水做法：(做法总厚25mm)

1. 6~8mm厚泳池专用瓷砖。
2. 4mm厚建筑胶水泥砂浆（内掺3%超密聚合物防水剂）。
3. 10.5~13.5mm厚1：2.5水泥砂浆（内掺3%超密聚合物防水剂）分层压实抹平。
4. 1.5mm厚聚合物水泥基复合防水涂料防水层（与地面防水层交圈）。
5. 刷素水泥浆一道甩毛。
6. 聚合物水泥砂浆修补墙基面。
7. 抗渗混凝土池体（要求平整度不大于3mm，不允许误差）。

材料做法表表达要点：

1. 列表写出所有设计的房间及房间的地面、墙面、屋顶各个部位。
2. 对应工程做法图集，选出合适的做法编号、用材、厚度、耐火等级等。特殊部位（泳池防水）做法说明。

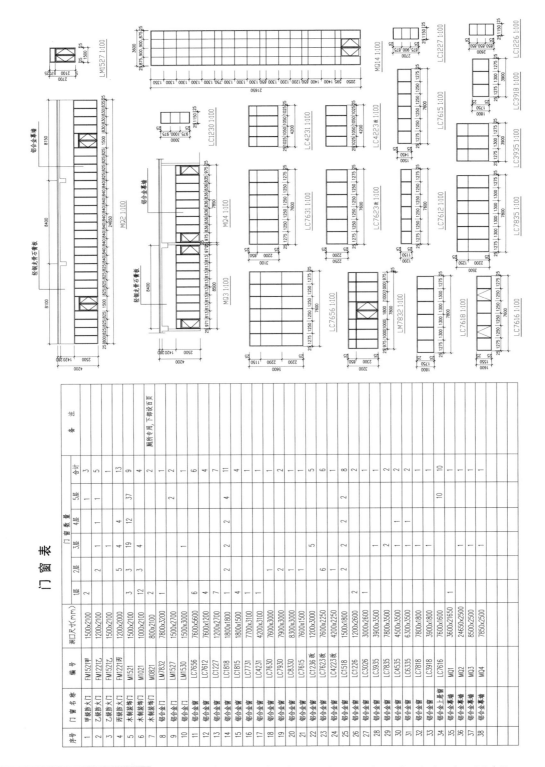

门 窗 表

序号	门窗名称	编号	洞口尺寸(mm)	1层	2层	3层	4层	5层	合计	备注
1	甲级防火门	FM1521甲	1500x2100	2		1			3	
2	乙级防火门	FM1221乙	1200x2100		2	1	1	1	5	
3	乙级防火门	FM1521乙	1500x2100			1	1	1	13	
4	丙级防火门	FM1221丙	1200x2000	3	5	4	4	37	9	
5	木制装饰门	M1521	1500x2100	3	3	19	12		4	
6	木制装饰门	M1021	1000x2100	12		4			2	
7	木制装饰门	M0821	800x2100	2					1	厕所专用,下部设百页
8	铝合金门	LM7832	7800x3200	1					2	
9	铝合金门	LM1527	1500x2700			1		2	1	
10	铝合金门	LM1530	1500x3000						6	
11	铝合金窗	LC7656	7600x5600	6					4	
12	铝合金窗	LC7612	7600x1200	4					7	
13	铝合金窗	LC1227	1200x2700	7					11	
14	铝合金窗	LC1818	1800x1800	4	2	2	2	4	4	
15	铝合金窗	LC1815	1800x1500	4					1	
16	铝合金窗	LC7731	7700x3100						2	
17	铝合金窗	LC4231	4200x3100		2	1				
18	铝合金窗	LC7630	7600x3000						2	
19	铝合金窗	LC7930	7900x3000			1			5	
20	铝合金窗	LC8330	8300x3000						6	
21	铝合金窗	LC7615	7600x1500			5			1	
22	铝合金窗	LC1236夜	1200x3000		6				8	
23	铝合金窗	LC7623夜	7600x2250		1				2	
24	铝合金窗	LC4223夜	4200x2250	2	2		2	2	1	
25	铝合金窗	LC1518	1500x1800						1	
26	铝合金窗	LC1226	1200x2600	1		1			2	
27	铝合金窗	LC3026	3000x2600			2	1		2	
28	铝合金窗	LC3935	3900x3500				1		1	
29	铝合金窗	LC7835	7800x3500						1	
30	铝合金窗	LC4535	4500x3500			1			2	
31	铝合金窗	LC6335	6300x3500			1			2	
32	铝合金窗	LC7818	7800x1800					2	1	
33	铝合金窗	LC3918	3900x1800						1	
34	铝合金上悬窗	LC7616	7600x1600	1		10		10	10	
35	铝合金幕墙	MQ1	3600x21650						1	
36	铝合金幕墙	MQ2	24650x2500			1			1	
37	铝合金幕墙	MQ3	8500x2500						1	
38	铝合金幕墙	MQ4	7850x2500						1	

门窗表和门窗详图表达要点:

1. 门窗表是把图中所有门窗按照尺寸、型号进行分类、数量汇总，列出表格。
2. 门窗详图是把所有门窗按照名称绘制立面，标注尺寸，以控制门窗的立面风格。
3. 门窗玻璃的用材性能一般在设计总说明中体现。

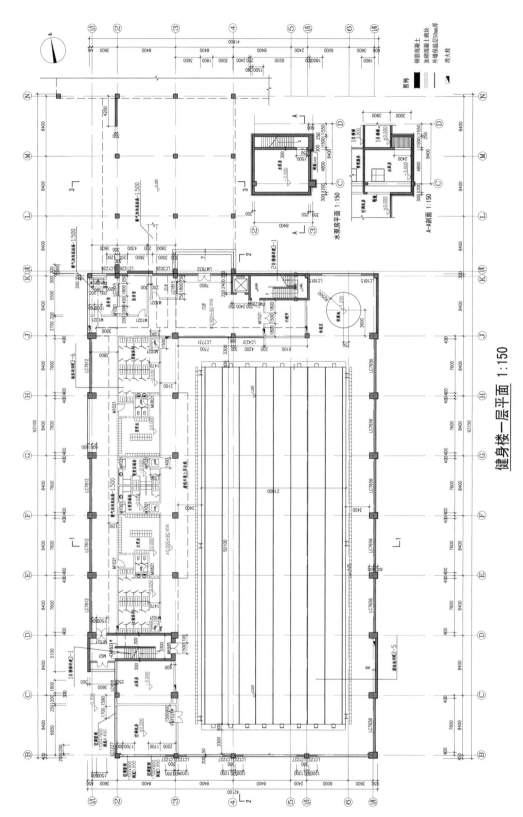

健身楼一层平面 1:150

平面图表达要点：

1. 平面图样：建筑剖切实体断面（墙柱、门窗等）用粗实线表示；俯视看到的家具、构配件、运动场地边界线等用细实线表示；剖切面上部重要部件的边线投影、垭口用虚线表示。钢筋混凝土墙、柱一般要灰度填充，二次结构墙不填充。

2. 定位定量：定位轴线及其编号；墙体、洞口、构配件尺寸及定位尺寸；竖向标高标注。（二层平面除轴线间等主要尺寸及轴线编号外，与首层相同的尺寸可省略）。

3. 标示索引：图名、比例、指北针（首层平面）、房间名称标示等；图例，其他放大图、做法详图、剖面、图集等的索引。

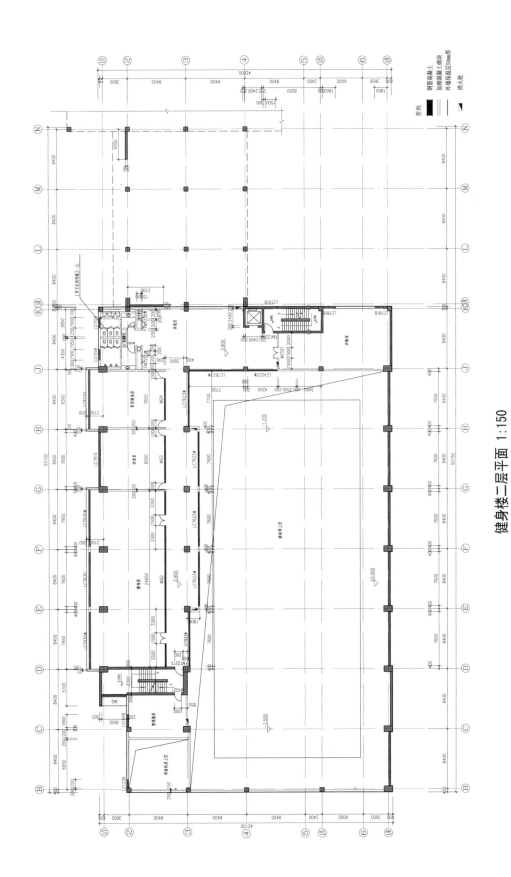

健身楼二层平面 1:150

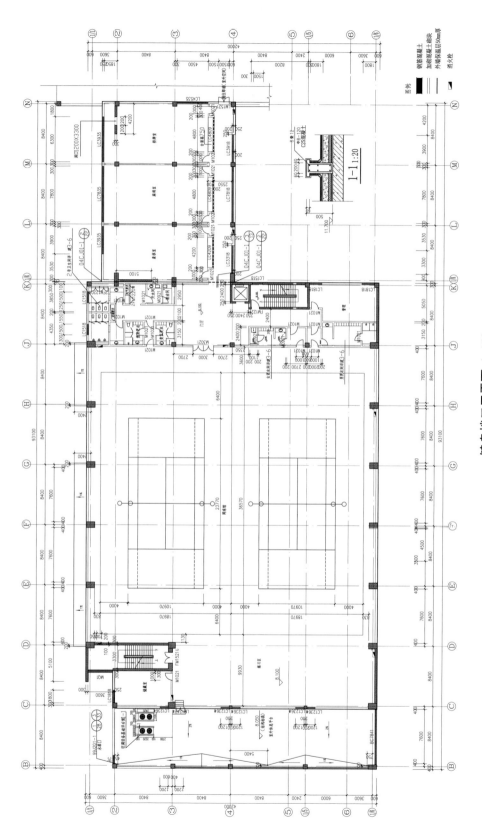

健身楼三层平面 1:150

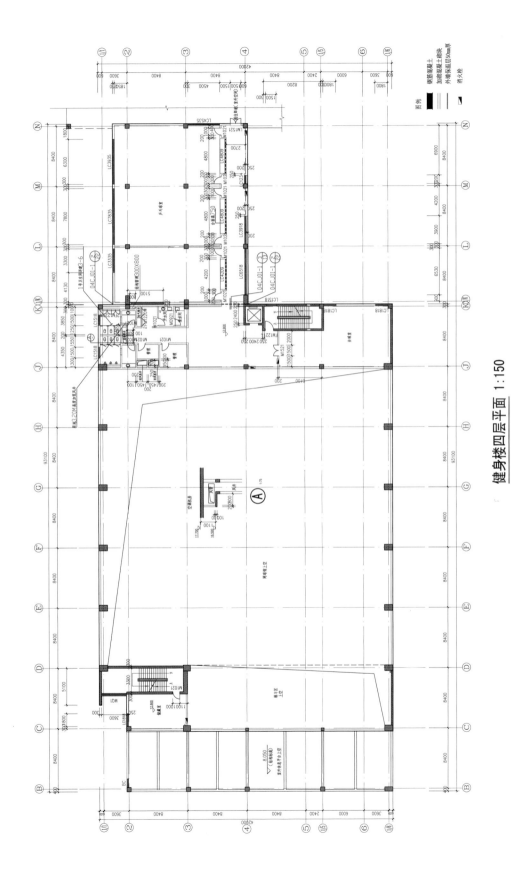

健身楼四层平面 1:150

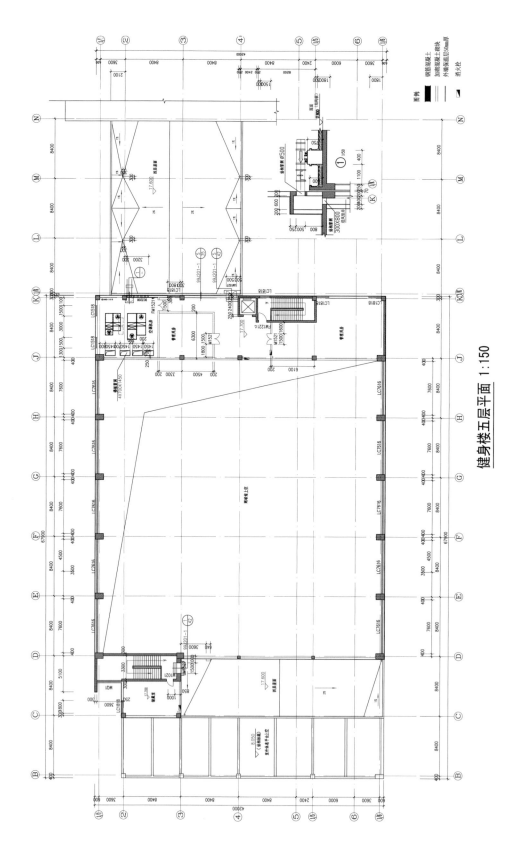

健身楼五层平面 1:150

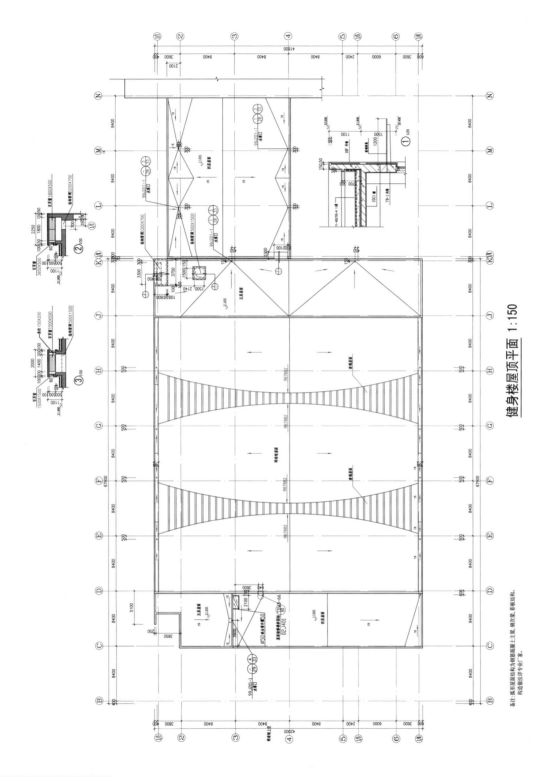

健身楼屋顶平面 1:150

屋顶平面图表达要点：

1. 屋面平面应有女儿墙、檐口、天沟、坡度、坡向、雨水口、屋脊（分水线）、排风道出口、变形缝。

2. 图名比例、必要的详图索引号、竖向标高等。

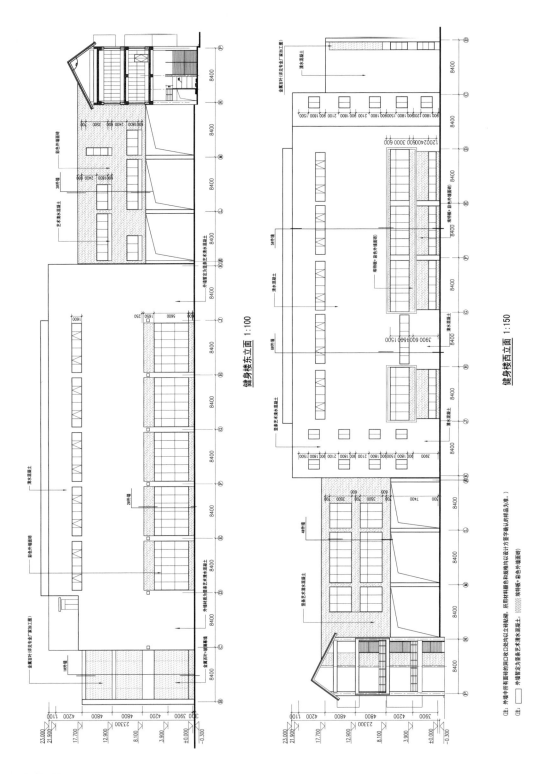

健身楼东立面 1:100

健身楼西立面 1:150

立面图表达要点：

1. 立面图样：建筑外轮廓线、墙面线脚、分格缝、构配件看线、墙面材质图例填充等。

2. 定量与定位：代表性标高（屋面檐口、女儿墙、室外地面、主入口处等）；墙面与洞口的尺寸与定位。

3. 标示与索引：两端和复杂部位的轴线与轴号；图名，比例；构造详图（墙身）索引，饰面材料标注等。

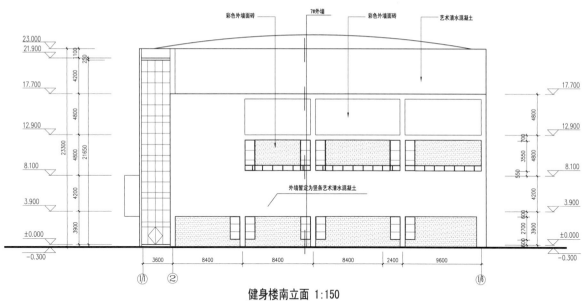

彩色外墙面砖　　　7#外墙　　　彩色外墙面砖　　　艺术清水混凝土

外墙暂定为竖条艺术清水混凝土

健身楼南立面 1:150

8#外墙　　　彩色外墙面砖　　　玻璃雨篷　　　彩色外墙面砖

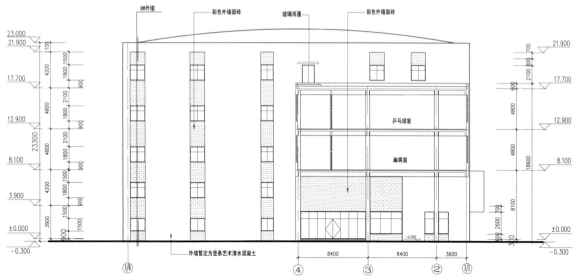

乒乓球室

麻将室

外墙暂定为竖条艺术清水混凝土

健身楼北立面 1:150

(注：外墙中所有面砖的洞口收口处均以立砖贴砌，所用材料颜色和规格均以设计方签字确认的样品为准。)

(注：▢ 外墙暂定为竖条艺术清水混凝土，▨ 埃特板+彩色外墙面砖)

剖面图表达要点：　　1. 剖面图样：剖切到的建筑实体用粗实线和图例表示；剖切方向所见构配件轮廓线用细实线表示。

2. 标高与尺寸：标注主要结构和建筑构件的标高；外部高度三道尺寸，内部高度尺寸。

3. 标示与索引：两端及高度变化处的轴线轴号；图名，比例，房间名称；节点构造详图的索引等。

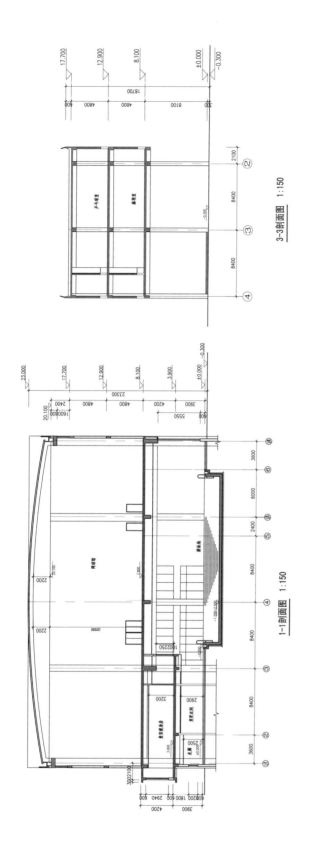

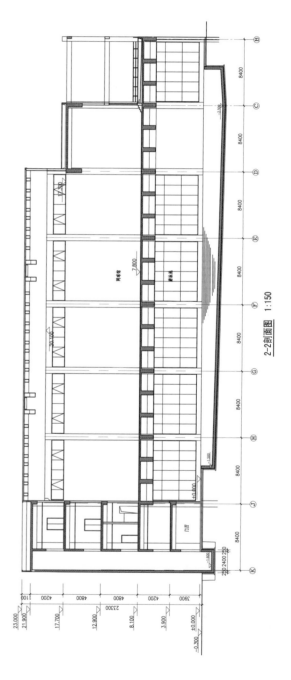

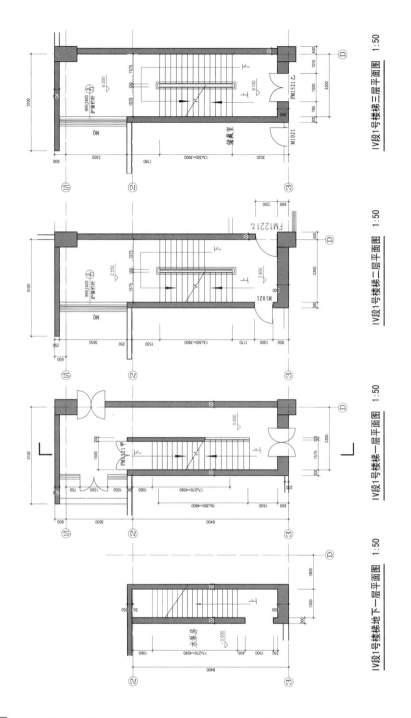

IV段1号楼梯三层平面图 1:50

IV段1号楼梯二层平面图 1:50

IV段1号楼梯一层平面图 1:50

IV段1号楼梯地下一层平面图 1:50

楼梯详图表达要点：

1. 图样信息：楼梯各层平面、剖面：墙柱、过梁、踏步、平台、梯井、栏杆、与之相连接的各层楼板、墙体，其中踏步剖面结构线要用粗线表示，内部图例填充，结构线与构造做法面层线区分清晰。

2. 标高尺寸：重点各层楼地面、楼梯平台标高（完成面标高）；楼梯踏步的高宽尺寸及与各个楼地面、平台的关系。为了便于与结构专业配合，一般要把楼梯踏步结构边界尺寸表达清楚，结构边界加上做法层为完成面。

3. 标示和索引：轴线和轴号，图名和比例；踏步做法、栏杆与扶手等详图索引。

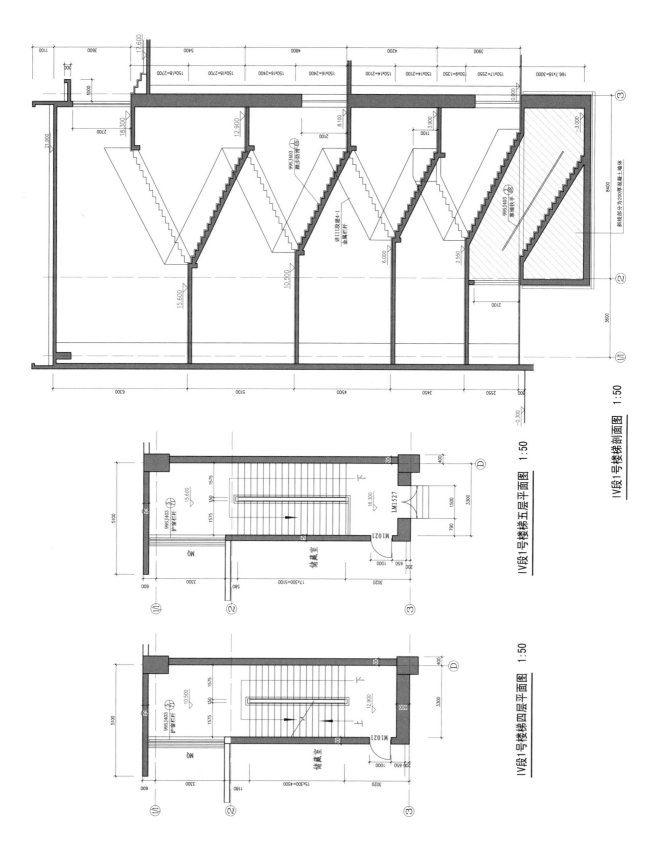

IV段1号楼梯剖面图 1:50

IV段1号楼梯五层平面图 1:50

IV段1号楼梯四层平面图 1:50

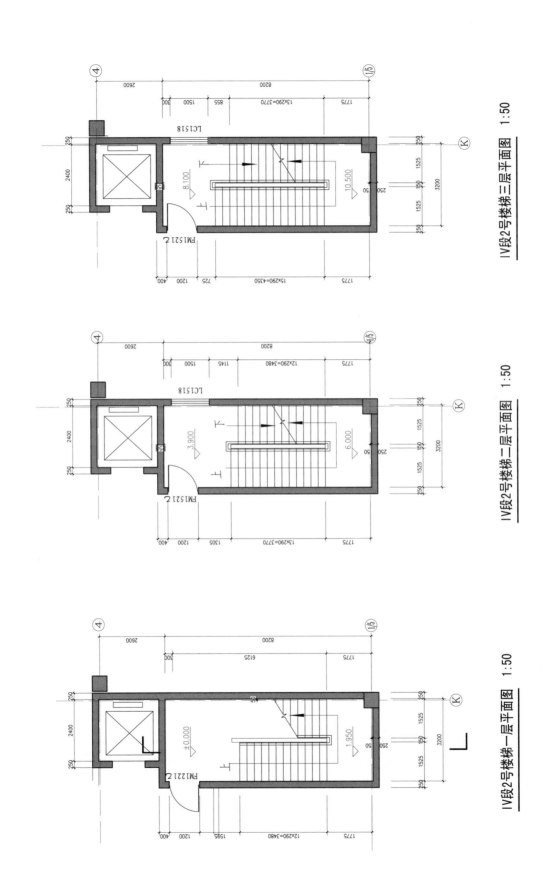

Ⅳ段2号楼梯三层平面图 1:50

Ⅳ段2号楼梯二层平面图 1:50

Ⅳ段2号楼梯一层平面图 1:50

4

建筑施工图设计与表达

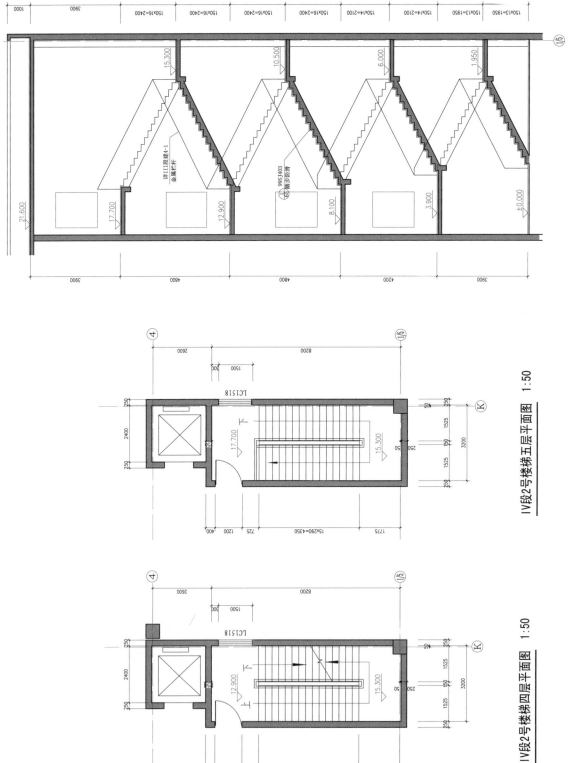

IV段2号楼梯剖面图 1:50

IV段2号楼梯五层平面图 1:50

IV段2号楼梯四层平面图 1:50

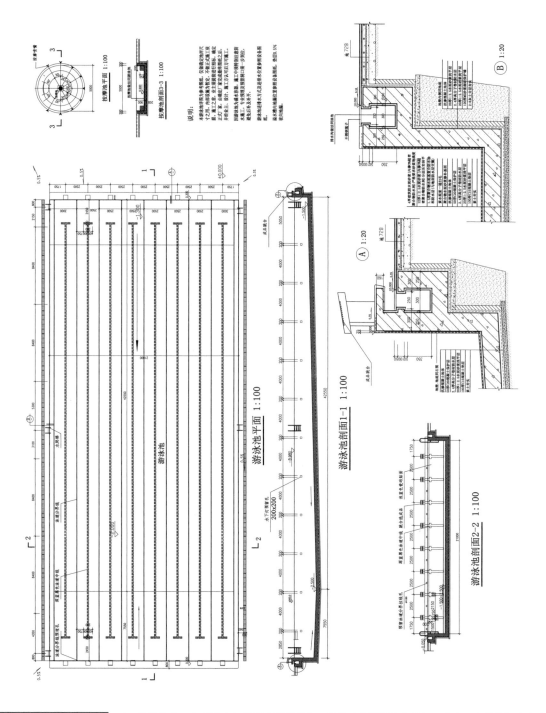

按摩池平面 1:100

按摩池剖面3-3 1:100

说明：

本部做法详图为参考图形，仅就确定池壁尺寸之用，内部设施参考确定。不得正式施工，确认工设正式图，由确定厂家完成确定施工指标。并结合实际与施工方式确定施工。

因按摩池为成本容器，施工中请特别注意数量水温工，专业特别位置等参考相关各图建筑布局及各开。

游泳池进水方式及进出水位置参考各开图，坡度0.5% 坡向地漏。

B 1:20

A 1:20

游泳池平面 1:100

游泳池剖面1-1 1:100

游泳池剖面2-2 1:100

游泳池详图表达要点：

1. 图样信息：平面图中把俯视看到的泳池、泳道（分界线及中线）、跳台、爬梯等相关设施表达清楚。剖面图把游泳池剖切到的建筑实体用粗实线和图例（或灰度填充）表示；剖切方向所见构件轮廓线用细实线表示。泳池的节点详图中结构层、做法面层、周围相关基础层都用图例表示，看到的设施用细线表示。

2. 标高尺寸：标注主要结构和建筑构件的平面和剖面尺寸、完成面竖向标高。

3. 标示和索引：图名和比例；池底、池壁做法、相关设施等标明做法或详图索引。

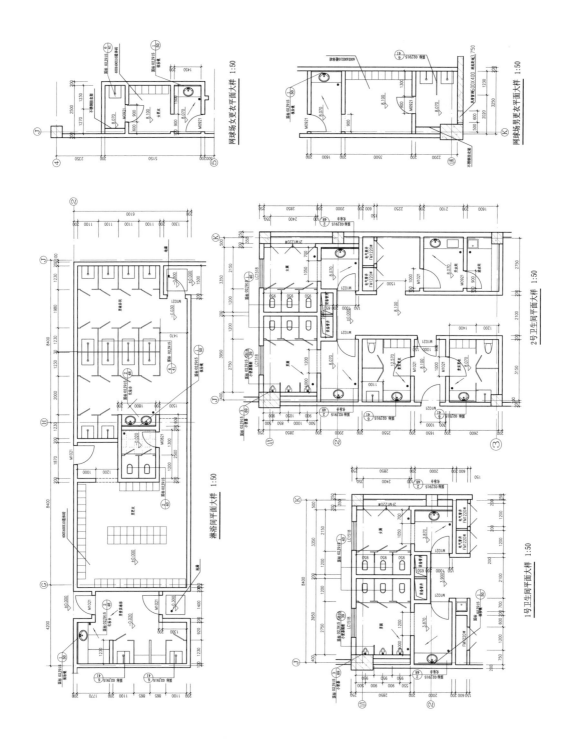

网球场女更衣平面大样 1:50

网球场男更衣室平面大样 1:50

淋浴间平面大样 1:50

2号卫生间平面大样 1:50

1号卫生间平面大样 1:50

卫生间、淋浴间详图表达要点： 属于平面放大图

1. 图样信息除了建筑的墙柱、门窗表达外，重点把房间内的大小便器、淋浴器、更衣柜、隔板、洗手池、墩布池、地漏及排水方向、设备管井、设备管线设施等内容重点表示清楚。

2. 房间内设备设施的尺寸、高度及其与墙体相互定位关系。

3. 图名和比例，房间名称，各种设备设施名称，索引（其他图集或者详图做法）等。

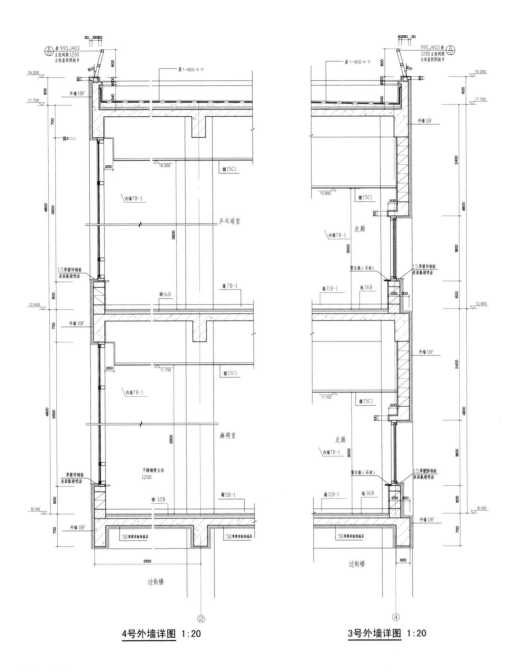

参99SJ403 参99SJ403
1200 立柱直径钢扶手 1200 立柱直径钢扶手

4号外墙详图 1:20　　　　　**3号外墙详图 1:20**

外墙详图表达要点： 1. 图样信息：基本信息与剖面图相同，重点表达出结构墙体、过梁（粗线）与做法层（细线）的区别，用细线表示出各个做法层，结构层和重点做法层（如保温、找坡、防水层）要用图例填充，为了使重点部位画完整，可用折断线表示出略去的墙体。相关的建筑出入口、雨篷、台阶、栏杆、室外地面、散水、铺地、地下部分墙地面等相关做法要一并画出。

2. 定位尺寸：轴线轴号，各个做法层的尺寸及其与层高线、轴线的关系，不同部位的完成面标高。

3. 标示索引：图名和比例，不同部位的墙面（地下部分、各层、屋檐、女儿墙）、屋面、相关楼地面、室内墙面、顶棚的做法引注图集或者引注详图。相关的建筑出入口、雨篷、台阶、栏杆、室外地面、散水、铺地、地下部分地面等相关做法要一并引注。

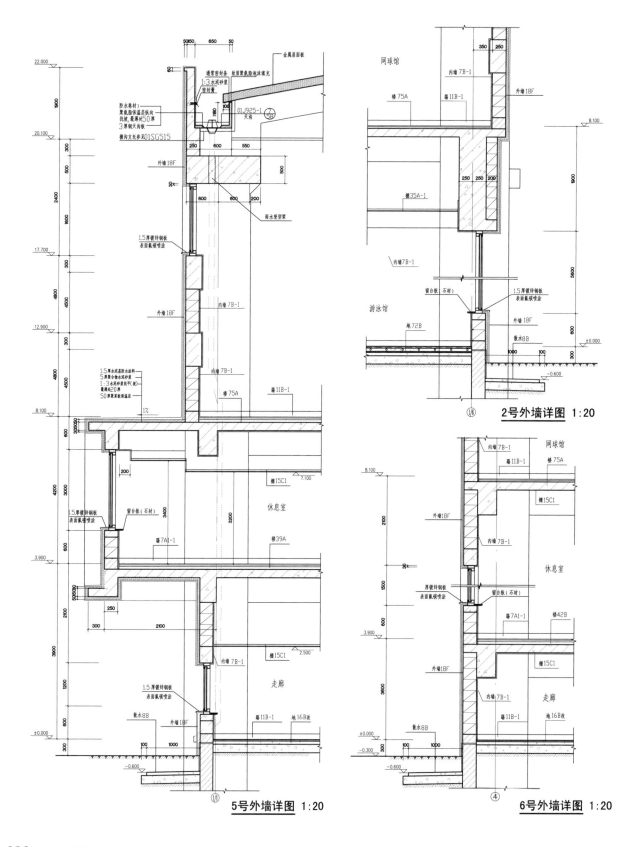

22.000

50 50   650   50

金属屋面板

通常密封条   软质聚氨脂泡沫填充
1:3水泥砂浆
密封膏

防水卷材)
聚氨脂保温层纵向
找坡, 最薄处50厚
3厚钢天沟板

01J925-1   天沟
5B

20.100
300

槽沟支托参见01SG515

外墙18F

2400

1900

500

550
600

250
600

500
50

600   600   200

雨水管穿梁

1600

1.5厚镀锌钢板
表面氟碳喷涂

17.700
300

4500

外墙18F

内墙7B-1

12.900
300

4800

1.5厚水泥基防水涂料
5厚聚合物水泥砂浆
1:3水泥砂浆找平(兼)
最薄处20厚
50厚聚苯板保温层

内墙7B-1

楼75A

墙11B-1

8.100

300 50 50   600

1%

200

7.100

槽15C1

休息室

4200
3000

3400
3200

1.5厚镀锌钢板
表面氟碳喷涂

窗台板(石材)

墙7A1-1

楼39A

3.900

50 50   600

50 50   600

250

300   2100

2100

内墙7B-1

2.500

槽15C1

走廊

3900

1200

1.5厚镀锌钢板
表面氟碳喷涂

±0.000
300

600

散水8B

外墙18F

100   1000

内墙7B-1

墙11B-1   地16B改

-0.600

①   5号外墙详图 1:20

网球馆

350   250

内墙7B-1

楼75A

墙11B-1

外墙18F

8.100

250 250 200

1900

槽35A-1

内墙7B-1

5600

游泳馆

窗台板(石材)

1.5厚镀锌钢板
表面氟碳喷涂

地72B

外墙18F

±0.000

散水8B

1000   100   300

-0.600

1/6   2号外墙详图 1:20

内墙7B-1   网球馆

墙11B-1   楼75A

8.100

外墙18F

槽15C1

2100

内墙7B-1

休息室

50 50

厚镀锌钢板
表面氟碳喷涂

窗台板(石材)

墙7A1-1

楼42B

3.900

600

1500

外墙18F

槽15C1

3600

内墙7B-1   走廊

±0.000

散水8B

外墙18F

100   1000

内墙7B-1

墙11B-1   地16B改

-0.300

-0.600

④   6号外墙详图 1:20

286   建筑设计快速入门

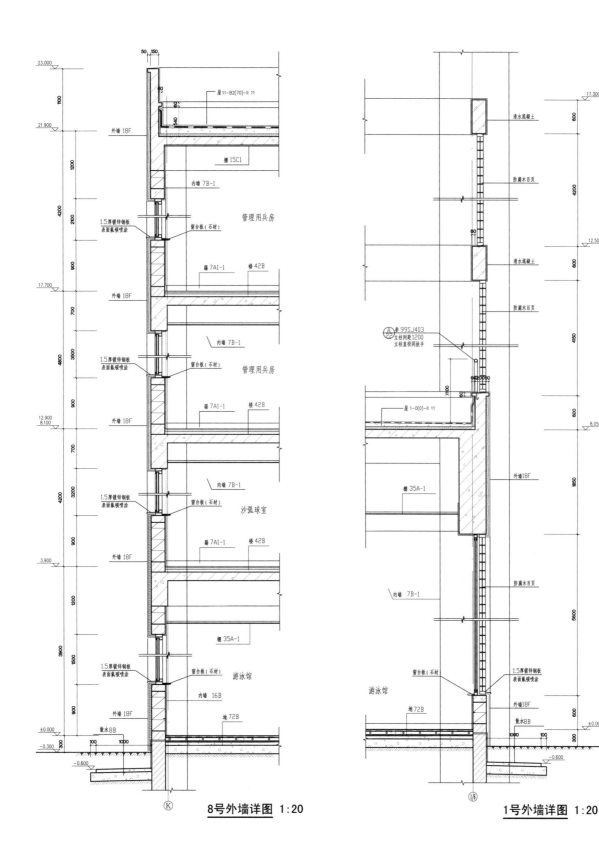

8号外墙详图 1:20

1号外墙详图 1:20

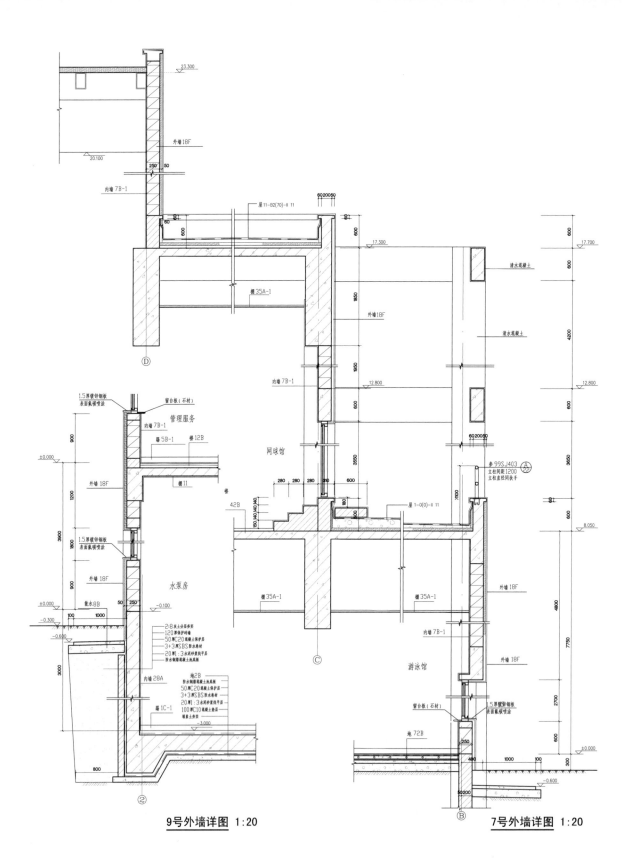

23.300

外墙18F

20.100

250 50

内墙7B-1

60 20 50 50

屋11-B2(70)-Ⅱ 11

80

600

D

管理服务

1.5厚镀锌钢板
表面氟碳喷涂

窗台板（石材）

内墙7B-1

幕5B-1   楼12B

±0.000

900

外墙18F

楼11

1200

1.5厚镀锌钢板
表面氟碳喷涂

3900

1800

外墙18F

900

水泵房

±0.000

50 250

泄水8B

−0.100

−0.300

100

1000

3000

−0.600

2:8灰土分层夯实
120厚保护砖墙
50厚C20混凝土保护层
3+3厚SBS防水卷材
20厚1:3水泥砂浆找平层
防水钢筋混凝土地底板

内墙28A

地2B

防水钢筋混凝土地底板
50厚C20混凝土保护层
3+3厚SBS防水卷材
20厚1:3水泥砂浆找平层
100厚C10混凝土垫层
碾素土夯实

幕1C-1

−3.000

800

②

9号外墙详图 1:20

柜35A-1

网球馆

42B

280 280 280 280

150 140 140

内墙7B-1

1950

12.800

600

3550

1800

600

屋1-0(0)-Ⅱ 11

C

600

柜35A-1

柜35A-1

参99SJ403
立柱间距1200
立柱直径同扶手

A

内墙7B-1

游泳馆

窗台板（石材）

1.5厚镀锌钢板
表面氟碳喷涂

地72B

250

400 1000 100

60 200

清水混凝土

17.700

600

外墙18F

600

4200

清水混凝土

12.800

600

17.300

1850

外墙18F

600

3650

8.050

外墙18F

4800

7750

2700

600

±0.000

300

−0.600

7号外墙详图 1:20

B

附 录

《建筑工程设计文件编制深度规定》（建设部2008年颁发）
——总平面及建筑设计部分摘录

1 总则

1.0.1 为加强对建筑工程设计文件编制工作的管理，保证各阶段设计文件的质量和完整性，特制定本规定。

1.0.2 本规定适用于境内和援外的民用建筑、工业厂房、仓库及其配套工程的新建、改建、扩建工程设计。

1.0.3 建筑工程设计文件的编制，必须符合国家有关法律法规和现行工程建设标准规范的规定，其中工程建设强制性标准必须严格执行。

1.0.4 民用建筑工程一般应分为方案设计、初步设计和施工图设计三个阶段；对于技术要求相对简单的民用建筑工程，经有关主管部门同意，且合同中没有做初步设计的约定，可在方案设计审批后直接进入施工图设计。

1.0.5 各阶段设计文件编制深度应按以下原则进行（具体应执行第2、3、4章条款）。

（1）方案设计文件，应满足编制初步设计文件的需要。

注：本规定仅适用于报批方案设计文件编制深度。对于投标方案设计文件的编制深度，应执行住房城乡建设部颁发的相关规定。

（2）初步设计文件，应满足编制施工图设计文件的需要。

（3）施工图设计文件，应满足设备材料采购、非标准设备制作和施工的需要。对于将项目分别发包给几个设计单位或实施设计分包的情况，设计文件相互关联处的深度应满足各承包或分包单位设计的需要。

1.0.6 在设计中宜因地制宜正确选用国家、行业和地方建筑标准设计，并在设计文件的图纸目录或施工图设计说明中注明所应用图集的名称。重复利用其他工程的图纸时，应详细了解原图利用的条件和内容，并做必要的核算和修改，以满足新设计项目的需要。

1.0.7 当设计合同对设计文件编制深度另有要求时，设计文件编制深度应同时满足本规定和设计合同的要求。

1.0.8 本规定对设计文件编制深度的要求具有通用性。对于具体的工程项目设计，执行本规定时应根据项目的内容和设计范围对本规定的条文进行合理的取舍。

1.0.9 本规定不作为各专业设计分工的依据。某一专业的某项设计内容可由其他专业承担设计，但设计文件的深度应符合本规定要求。

2 方案设计

2.1 一般要求

2.1.1 方案设计文件

（1）设计说明书，包括各专业设计说明以及投资估算等内容；对于涉及建筑节能设计的专业，其设计说明应有建筑节能设计的专门内容。

（2）总平面图以及建筑设计图纸（若为城市区域供热或区域煤气调压站，应提供热能动力专业的设计图纸，具体见第2.3.3条）。

（3）设计委托或设计合同中规定的透视图、鸟瞰图、模型等。

2.1.2 方案设计文件的编排顺序

（1）封面：项目名称、编制单位、编制年月。

（2）扉页：编制单位法定代表人、技术总负责人、项目总负责人的姓名，并经上述人员签署或授权盖章。

（3）设计文件目录。

（4）设计说明书。

（5）设计图纸。

2.2 设计说明书

2.2.1 设计依据、设计要求及主要技术经济指标

（1）与工程设计有关的依据性文件的名称和文号，如选址及环境评价报告、用地红线图、项目可行性研究报告、政府有关主管部门对立项报告的批文、设计任务书或协议书等。

（2）设计所执行的主要法规和所采用的主要标准（包括标准的名称、编号、年号和版本号）。

（3）设计基础资料，如气象、地形地貌、水文地质、地震基本烈度、区域位置等。

（4）简述政府有关主管部门对项目设计的要求，如对总平面布置、环境协调、建筑风格等方面的要求。当城市规划等部门对建筑高度有限制时，应说明建筑物、构筑物的控制高度（包括最高和最低高度限值）。

（5）简述建设单位委托设计的内容和范围，包括功能项目和设备设施的配套情况。

（6）工程规模（如总建筑面积、总投资、容纳人数等）、项目设计规模等级和设计标准（包括结构的设计使用年限、建筑防火类别、耐火等级、装修标准等）。

（7）主要技术经济指标，如总用地面积、总建筑面积及各分项建筑面积（还要分别列出地上部分和地下部分建筑面积）、建筑基底总面积、绿地总面积、容积率、建筑密度、绿地率、停车泊位数（分室内、室外和地上、地下）以及主要建筑或核心建筑的层数、层高和总高度等项指标；根据不同的建筑功能，还应表述能反映工程规模的主要技术经济指标，如住宅的套型、套数及每套的建筑面积、使用面积，旅馆建筑中的客房数和床位数，医院建筑中的门诊人次和病床数等指标；当工程项目

（如城市居住区规划）另有相应的设计规范或标准时，技术经济指标应按其规定执行。

2.2.2 总平面设计说明

（1）概述场地现状特点和周边环境情况及地质地貌特征，详尽阐述总体方案的构思意图、布局特点以及在竖向设计、交通组织、防火设计、景观绿化、环境保护等方面所采取的具体措施。

（2）说明关于一次规划、分期建设以及原有建筑和古树名木保留、利用、改造（改建）方面的总体设想。

2.2.3 建筑设计说明

（1）建筑方案的设计构思和特点。

（2）建筑群体和单体的空间处理、平面和竖向构成、立面造型和环境营造、环境分析（如日照、通风、采光）等。

（3）建筑的功能布局和各种出入口、垂直交通运输设施（包括楼梯、电梯、自动扶梯）的布置。

（4）建筑内部交通组织、防火和安全疏散设计。

（5）关于无障碍和智能化设计方面的简要说明。

（6）当建筑在声学、建筑防护、电磁波屏蔽以及人防地下室等方面有特殊要求时，应作相应说明。

（7）建筑节能设计说明。

1）设计依据。

2）项目所在地的气候分区。

3）概述建筑节能设计及围护结构节能措施。

2.3 设计图纸

2.3.1 总平面设计图纸

（1）场地的区域位置。

（2）场地的范围（用地和建筑物各角点的坐标或定位尺寸）。

（3）场地内及四邻环境的反映（四邻原有及规划的城市道路和建筑物、用地性质或建筑性质、层数等，场地内需保留的建筑物、构筑物、古树名木、历史文化遗存、现有地形与标高、水体、不良地质情况等）。

（4）场地内拟建道路、停车场、广场、绿地及建筑物的布置，并表示出主要建筑物与各类控制线（用地红线、道路红线、建筑控制线等）、相邻建筑物之间的距离及建筑物总尺寸，基地出入口与城市道路交叉口之间的距离。

（5）拟建主要建筑物的名称、出入口位置、层数、建筑高度、设计标高以及地形复杂时主要道路、广场的控制标高。

（6）指北针或风玫瑰图、比例。

（7）根据需要绘制下列反映方案特性的分析图：功能分区、空间组合及景观分析、交通分析（人流及车流的组织、停车场的布置及停车泊位数量等）、消防分析、地形分析、绿地布置、日照分析、分期建设等。

2.3.2 建筑设计图纸

（1）平面图

1）平面的总尺寸、开间、进深尺寸及结构受力体系中的柱网、承重墙位置和尺寸（也可用比例尺表示）。

2）各主要使用房间的名称。

3）各楼层地面标高、屋面标高。

4）室内停车库的停车位和行车线路。

5）底层平面图应标明剖切线位置和编号，并应标示指北针。

6）必要时绘制主要用房的放大平面和室内布置。

7）图纸名称、比例或比例尺。

（2）立面图

1）体现建筑造型的特点，选择绘制一两个有代表性的立面。

2）各主要部位和最高点的标高或主体建筑的总高度。

3）当与相邻建筑（或原有建筑）有直接关系时，应绘制相邻或原有建筑的局部立面图。

4）图纸名称、比例或比例尺。

（3）剖面图

1）剖面应剖在高度和层数不同、空间关系比较复杂的部位。

2）各层标高及室外地面标高，建筑的总高度。

3）若遇有高度控制时，还应标明最高点的标高。

4）剖面编号、比例或比例尺。

3 初步设计

3.1 一般要求

3.1.1 初步设计文件

（1）设计说明书，包括设计总说明、各专业设计说明。对于涉及建筑节能设计的专业，其设计说明应有建筑节能设计的专项内容。

（2）有关专业的设计图纸。

（3）主要设备或材料表。

（4）工程概算书。

（5）有关专业计算书（计算书不属于必须交付的设计文件，但应按本规定相关条款的要求编制）。

3.1.2 初步设计文件的编排顺序

（1）封面：项目名称、编制单位、编制年月。

（2）扉页：编制单位法定代表人、技术总负责人、项目总负责人和各专业负责人的姓名，并经上述人员签署或授权盖章。

（3）设计文件目录。

（4）设计说明书。

（5）设计图纸（可单独成册）。

（6）概算书（应单独成册）。

3.2　设计总说明

3.2.1 工程设计依据

（1）政府有关主管部门的批文，如该项目的可行性研究报告、工程立项报告、方案设计文件等审批文件的文号和名称。

（2）设计所执行的主要法规和所采用的主要标准（包括标准的名称、编号、年号和版本号）。

（3）工程所在地区的气象、地理条件、建设场地的工程地质条件。

（4）公用设施和交通运输条件。

（5）规划、用地、环保、卫生、绿化、消防、人防、抗震等要求和依据资料。

（6）建设单位提供的有关使用要求或生产工艺等资料。

3.2.2 工程建设的规模和设计范围

（1）工程的设计规模及项目组成。

（2）分期建设的情况。

（3）承担的设计范围与分工。

3.2.3 总指标

（1）总用地面积、总建筑面积和反映建筑功能规模的技术指标。

（2）其他有关的技术经济指标。

3.2.4 设计特点

（1）简述各专业的设计特点和系统组成。

（2）采用新技术、新材料、新设备和新结构的情况。

3.2.5 提请在设计审批时需解决或确定的主要问题

（1）有关城市规划、红线、拆迁和水、电、蒸汽、燃料等能源供应的协作问题。

（2）总建筑面积、总概算（投资）存在的问题。

（3）设计选用标准方面的问题。

（4）主要设计基础资料和施工条件落实情况等影响设计进度的因素。

（5）明确需要进行专项研究的内容。

注：总说明中已叙述的内容，在各专业说明中可不再重复。

3.3　总平面

3.3.1 初步设计阶段，总平面专业设计文件应包括设计说明书和设计图纸

3.3.2 设计说明书

（1）设计依据及基础资料

1）摘述方案设计依据资料及批示中与本专业有关的主要内容。

2）有关主管部门对本工程批示的规划许可技术条件（用地性质、道路红线、建筑控制线、城市绿线、用地红线、建筑物控制高度、建筑退让各类控制线距离、容积率、建筑密度、绿地率、日照标准、高压走廊、出入口位置、停车泊位数等）以及对总平面布局、周围环境、空间处理、交通组织、环境保护、文物保护、分期建设等方面的特殊要求。

3）本工程地形图编制单位、日期，采用的坐标、高程系统。

4）凡设计总说明中已阐述的内容可从略。

（2）场地概述

1）说明场地所在地的名称及在城市中的位置（简述周围自然与人文环境、道路、市政基础设施与公共服务设施配套和供应情况以及四邻原有和规划的重要建筑物与构筑物）。

2）概述场地地形地貌（如山丘范围、高度，水域的位置、流向、水深，最高最低标高、总坡向、最大坡度和一般坡度等地貌特征）。

3）描述场地内原有建筑物、构筑物以及保留（包括名木、古迹、地形、植被等）、拆除的情况。

4）摘述与总平面设计有关的自然因素，如地震、湿陷性或胀缩性土、地裂缝、岩溶、滑坡与其他地质灾害。

（3）总平面布置

1）说明总平面设计构思及指导思想；说明如何因地制宜，结合地域文化特点及气候、自然地形综合考虑地形、地质、日照、通风、防火、卫生、交通以及环境保护等要求布置建筑物、构筑物，使其满足使用功能、城市规划要求以及技术安全、经济合理性、节能、节地、节水、节材等要求。

2）说明功能分区、远近期结合、预留发展用地的设想。

3）说明建筑空间组织及其与四周环境的关系。

4）说明环境景观和绿地布置及其功能性、观赏性等。

5）说明无障碍设施的布置。

（4）竖向设计

1）说明竖向设计的依据（如城市道路和管道的标高、地形、排水、最高洪水位、最高潮水位、土方平衡等情况）。

2）说明如何利用地形，综合考虑功能、安全、景观、排水等要求进行竖向布置；说明竖向布置方式（平坡式或台阶式）、地表雨水的收集利用及排除方式（明沟或暗管）等；如采用明沟系统，还应阐述其排放地点的地形与高程等情况。

3）根据需要注明初平土石方工程量。

4）防灾措施，如针对洪水、滑坡、潮汐及特殊工程地质（湿暗性或膨胀性土）等的技术措施。

（5）交通组织

1）说明人流和车流的组织、路网结构、出入口、停车场（库）的布置及停车数量的确定。

2）消防车道及高层建筑消防扑救场地的布置。

3）说明道路主要的设计技术条件（如主干道和次干道的路面宽度、路面类型、最大及最小纵坡等）。

（6）主要技术经济指标表（表3.3.2）

表3.3.2　　　　　　　　　　　民用建筑主要技术经济指标表

序号	名称	单位	数量	备注
1	总用地面积	hm²		
2	总建筑面积	m²		地上、地下部分应分列，不同功能性质部分应分列
3	建筑基底总面积	hm²		
4	道路广场总面积	hm²		含停车场面积
5	绿地总面积	hm²		可加注公共绿地面积
6	容积率			（2）/（1）
7	建筑密度	%		（3）/（1）
8	绿地率	%		（5）/（1）
9	小汽车/大客车停车泊位数	辆		室内、外应分列
10	自行车停放数量	辆		

注：1. 当工程项目（如城市居住区）有相应的规划设计规范时，技术经济指标的内容应按其执行。

　　2. 计算容积率时，通常不包括±0.00以下地下建筑面积。

3.3.3 设计图纸

（1）区域位置图（根据需要绘制）

（2）总平面图

1）保留的地形和地物。

2）测量坐标网、坐标值，场地范围的测量坐标（或定位尺寸）、道路红线、建筑控制线、用地红线。

3）场地四邻原有及规划的道路、绿化带等的位置（主要坐标或定位尺寸）和主要建筑物及构筑物的位置、名称、层数、间距。

4）建筑物、构筑物的位置（人防工程、地下车库、油库、贮水池等隐蔽工程用虚线表示）与各类控制线的距离，其中主要建筑物、构筑物应标注坐标（或定位尺寸）、与相邻建筑物之间的距离及建筑物总尺寸、名称（或编号）、层数。

5）道路、广场的主要坐标（或定位尺寸），停车场及停车位、消防车道及高层建筑消防扑救场地的布置，必要时加绘交通流线示意。

6）绿化、景观及休闲设施的布置示意，并表示出护坡、挡土墙、排水沟等。

7）指北针或风玫瑰图。

8）主要技术经济指标表（表3.3.2）。

9）说明栏内注写：尺寸单位、比例、地形图的测绘单位、日期，坐标及高程系统名称（如为场地建筑坐标网时，应说明其与测量坐标网的换算关系），补充图例及其他必要的说明等。

（3）竖向布置图

1）场地范围的测量坐标值（或定位尺寸）。

2）场地四邻的道路、地面、水面及关键性标高（如道路出入口）。

3）保留的地形、地物。

4）建筑物、构筑物的位置名称（或编号），主要建筑物和构筑物的室内外设计标高、层数，有严格限制的建筑物、构筑物高度。

5）主要道路、广场的起点、变坡点、转折点和终点的设计标高以及场地的控制性标高。

6）用箭头或等高线表示地面坡向，并表示出护坡、挡土墙、排水沟等。

7）指北针。

8）注明：尺寸单位、比例、补充图例。

9）本图可视工程的具体情况与总平面图合并。

10）根据需要利用竖向布置图绘制上方图及计算初平土方工程量。

3.4 建筑

3.4.1 初步设计阶段，建筑专业设计文件应包括设计说明书和设计图纸

3.4.2 设计说明书

（1）设计依据

1）摘述设计任务书和其他依据性资料中与建筑专业有关的主要内容。

2）设计所执行的主要法规和所采用的主要标准（包括标准的名称、编号、年号和版本号）。

（2）设计概述

1）表述建筑的主要特征，如建筑总面积、建筑占地面积、建筑层数和总高、建筑防火类别、耐火等级、设计使用年限、地震基本烈度、主要结构选型、人防类别和防护等级、地下室防水等级、屋面防水等级等。

2）概述建筑物使用功能和工艺要求。

3）简述建筑的功能分区、平面布局、立面造型及与周围环境的关系。

4）简述建筑的交通组织、垂直交通设施（楼梯、电梯、自动扶梯）的布局以及所采用的电梯、自动扶梯的功能、数量和吨位、速度等参数。

5）综述建筑防火设计。

6）无障碍、智能化、人防等方面的设计要求和内容以及所采取的特殊技术措施。

7）主要技术经济指标包括能反映建筑规模的总建筑面积以及诸如住宅的套型和套数、旅馆的房间数和床位数、医院的门诊人次和住院部的病床数、车库的停车位数量等。

8）简述建筑的外立面用料、屋面构造及用料、内部装修使用的主要或特殊建筑材料。

9）对具有特殊防护要求的门窗有必要的说明。

（3）多子项工程中的简单子项可用建筑项目主要特征表（表3.4.2）作综合说明。

表3.4.2　　　　　　　　　　　　建筑项目主要特征表

项目名称			备　注
编号			
建筑总面积			地上、地下另外分列
建筑占地面积			
建筑层数、总高			地上、地下分列
建筑防火类别			
耐火等级			
设计使用年限			
地震基本烈度			
主要结构选型			
人防类别和防护等级			说明平时、战时功能
地下室防水等级			
屋面防水等级			
建筑构造及装修	墙体		
	地面		
	楼面		
	屋面		
	天窗		
	门		
	窗		
	顶棚		
	内墙面		
	外墙面		

注：建筑构造及装修项目可随工程内容增减。

（4）对需分期建设的工程，说明分期建设内容和对续建、扩建的设想及相关措施。

（5）幕墙工程、特殊屋面工程及其他需要另行委托设计、加工的工程内容的必要说明。

（6）需提请审批时解决的问题或确定的事项以及其他需要说明的问题。

（7）建筑节能设计说明。

1）设计依据。

2）项目所在地的气候分区及围护结构的热工性能限值。

3）简述建筑的节能设计，确定体型系数、窗墙比、天窗屋面比等主要参数，明确屋面、外墙（非透明幕墙）、外窗（透明幕墙）等围护结构的热工性能及节能构造措施。

3.4.3 设计图纸

（1）平面图。

1）标明承重结构的轴线、轴线编号、定位尺寸和总尺寸；注明各空间的名称，住宅标注套型内卧室、起居室（厅）、厨房、卫生间等空间的使用面积。

2）绘出主要结构和建筑构配件，如非承重墙、壁柱、门窗（幕墙）、天窗、楼梯、电梯、自动扶梯、中庭（及其上空）、夹层、平台、阳台、雨篷、台阶、坡道、散水明沟等的位置；当围护结构为幕墙时，应标明幕墙与主体结构的定位关系。

3）表示主要建筑设备的位置，如水池、卫生器具等与设备专业有关的设备的位置。

4）表示建筑平面或空间的防火分区和防火分区分隔位置和面积，宜单独成图。

5）标明室内、外地面设计标高及地上、地下各层楼地面标高。

6）底层平面标注剖切线位置、编号及指北针。

7）绘出有特殊要求或标准的厅、室的室内布置，如家具的布置等；也可根据需要选择绘制标准层、标准单元或标准间的放大平面图及室内布置图。

8）图纸名称、比例。

（2）立面图。应选择绘制主要立面，立面图上应标明下述内容。

1）两端的轴线和编号。

2）立面外轮廓及主要结构和建筑部件的可见部分，如门窗（幕墙）、雨篷、檐口（女儿墙）、屋顶、平台、栏杆、坡道、台阶和主要装饰线脚等。

3）平、剖面未能表示的屋顶、屋顶高耸物、檐口（女儿墙）、室外地面等处主要标高或高度。

4）可见主要部位的饰面用料。

5）图纸名称、比例。

（3）剖面图。剖面应剖在层高、层数不同、内外空间比较复杂的部位（如中庭与邻近的楼层或错层部位），剖面图应准确、清楚地绘示出剖到或看到的各相关部分内容，并应表示下述内容。

1）主要内、外承重墙、柱的轴线，轴线编号。

2）主要结构和建筑构造部件，如地面、楼板、屋顶、檐口、女儿墙、吊顶、梁、柱、内外门窗、天窗、楼梯、电梯、平台、雨篷、阳台、地沟、地坑、台阶、坡道等。

3）各层楼地面和室外标高以及建筑的总高度，各楼层之间尺寸及其他必需的尺寸等。

4）图纸名称、比例。

（4）对于贴邻的原有建筑，应绘出其局部的平、立、剖面。

4 施工图设计

4.1 一般要求

4.1.1 施工图设计文件

（1）合同要求所涉及的所有专业的设计图纸（含图纸目录、说明和必要的设备、材料表，见第

4.2节至第4.8节）以及图纸总封面；对于涉及建筑节能设计的专业，其设计说明应有建筑节能设计的专项内容。

（2）合同要求的工程预算书。

注：对于方案设计后直接进入施工图设计的项目，若合同未要求编制工程预算书，施工图设计文件应包括工程概算书（见第3.10节）。

（3）各专业计算书。计算书不属于必须交付的设计文件，但应按本规定相关条款的要求编制并归档保存。

4.1.2 总封面标识内容

（1）项目名称。

（2）编制单位名称。

（3）项目的设计编号。

（4）设计阶段。

（5）编制单位法定代表人、技术总负责人和项目总负责人的姓名及其签字或授权盖章。

（6）设计日期（即设计文件交付日期）。

4.2 总平面

4.2.1 在施工图设计阶段，总平面专业设计文件应包括图纸目录、设计说明、设计图纸、计算书

4.2.2 图纸目录

应先列新绘制的图纸，后列选用的标准图和重复利用图。

4.2.3 设计说明

一般工程分别写在有关的图纸上。如重复利用某工程的施工图图纸及其说明时，应详细注明其编制单位、工程名称、设计编号和编制日期；列出主要技术经济指标表（见表3.3.2，该表也可列在总平面图上）说明地形图、初步设计批复文件等设计依据、基础资料。

4.2.4 总平面图

（1）保留的地形和地物。

（2）测量坐标网、坐标值。

（3）场地范围的测量坐标（或定位尺寸）、道路红线、建筑控制线、用地红线等的位置。

（4）场地四邻原有及规划的道路、绿化带等的位置（主要坐标或定位尺寸）以及主要建筑物和构筑物及地下建筑物等的位置、名称、层数。

（5）建筑物、构筑物（人防工程、地下车库、油库、贮水池等隐蔽工程以虚线表示）的名称或编号、层数、定位（坐标或相互关系尺寸）。

（6）广场、停车场、运动场地、道路、围墙、无障碍设施、排水沟、挡土墙、护坡等的定位（坐标或相互关系尺寸）。如有消防车道和扑救场地，需注明。

（7）指北针或风玫瑰图。

（8）建筑物、构筑物使用编号时，应列出"建筑物和构筑物名称编号表"。

（9）注明尺寸单位、比例、坐标及高程系统（如为场地建筑坐标网时，应注明与测量坐标网的相互关系）、补充图例等。

4.2.5 竖向布置图

（1）场地测量坐标网、坐标值。

（2）场地四邻的道路、水面、地面的关键性标高。

（3）建筑物和构筑物名称或编号、室内外地面设计标高、地下建筑的顶板面标高及覆土高度限制。

（4）广场、停车场、运动场地的设计标高以及景观设计中水景、地形、台地、院落的控制性标高。

（5）道路、坡道、排水沟的起点、变坡点、转折点和终点的设计标高（路面中心和排水沟顶及沟底）、纵坡度、纵坡距、关键性坐标，道路表明双面坡或单面坡、立道牙或平道牙，必要时标明道路平曲线及竖曲线要素。

（6）挡土墙、护坡或土坎顶部和底部的主要设计标高及护坡坡度。

（7）用坡向箭头表明地面坡向；当对场地严整要求严格或地形起伏较大时，可用设计等高线表示。地形复杂时宜表示场地剖面图。

（8）指北针或风玫瑰图。

（9）注明尺寸单位、比例、补充图例等。

4.2.6 土石方图

（1）场地范围的测量坐标（或定位尺寸）。

（2）建筑物、构筑物、挡墙、台地、下沉广场、水系、土丘等位置（用细虚线表示）。

（3）20 m×20 m或40 m×40 m方格网及其定位，各方格点的原地面标高、设计标高、填挖高度、填区和挖区的分界线，各方格土石方量、总土石方量。

（4）土石方工程平衡表（表4.2.6）。

表4.2.6　　　　　　　　　　　　土石方工程平衡表

序号	项目	土方量/m³		说明
		填方	挖方	
1	场地平整			
2	室内地坪填土和地下建筑物、构筑物挖土、房屋及构筑物基础			
3	道路、管线地沟、排水沟			包括路堤填土、路堑和路槽挖土
4	土方损益			指土壤经过挖填后的损益数
5	合计			

注：表列项目随工程内容增减。

4.2.7 管道综合图

（1）总平面布置。

（2）场地范围的测量坐标（或定位尺寸）、道路红线、建筑控制线、用地红线等的位置。

（3）保留、新建的各管线（管沟）、检查井、化粪池、储罐等的平面位置，注明各管线、化粪池、储罐等与建筑物、构筑物的距离和管线间距。

（4）场外管线接入点的位置。

（5）管线密集的地段宜适当增加断面图，表明管线与建筑物、构筑物、绿化之间及管线之间的距离，并注明主要交叉点上下管线的标高或间距。

（6）指北针。

（7）注明尺寸单位、比例、图例、施工要求。

4.2.8 绿化及建筑小品布置图

（1）平面布置。

（2）绿地（含水面）、人行步道及硬质铺地的定位。

（3）建筑小品的位置（坐标或定位尺寸）、设计标高、详图索引。

（4）指北针。

（5）注明尺寸单位、比例、图例、施工要求等。

4.2.9 详图

包括道路横断面、路面结构、挡土墙、护坡、排水沟、池壁、广场、运动场地、活动场地、停车场地面、围墙等详图。

4.2.10 设计图纸的增减

（1）当工程设计内容简单时，竖向布置图可与总平面图合并。

（2）当路网复杂时，可增绘道路平面图。

（3）土石方图和管线综合图可根据设计需要确定是否出图。

（4）当绿化或景观环境另行委托设计时，可根据需要绘制绿化及建筑小品的示意性和控制性布置图。

4.2.11 计算书

设计依据及基础资料、计算公式、计算过程、有关满足日照要求的分析资料及成果资料均作为技术文件归档。

4.3 建筑

4.3.1 在施工图设计阶段，建筑专业设计文件应包括图纸目录、设计说明、设计图纸、计算书

4.3.2 图纸目录

应先列新绘制图纸，后列选用的标准图或重复利用图。

4.3.3 设计说明

（1）依据性文件名称和文号，如批文、本专业设计所执行的主要法规和所采用的主要标准（包括标准名称、编号、年号和版本号）及设计合同等。

（2）项目概况。内容一般应包括建筑名称、建设地点、建设单位、建筑面积、建筑基底面积、项目设计规模等级、设计使用年限、建筑层数和建筑高度、建筑防火分类和耐火等级、人防工程类别和防护等级、人防建筑面积、屋面防水等级、地下室防水等级、主要结构类型、抗震设防烈度等以及能

反映建筑规模的主要技术经济指标，如住宅的套型和套数（包括每套的建筑面积、使用面积）、旅馆的客房间数和床位数、医院的门诊人次和住院部的床位数、车库的停车泊位数等。

（3）设计标高。工程的相对标高与总图绝对标高的关系。

（4）用料说明和室内外装修。

1）墙体、墙身防潮层、地下室防水、屋面、外墙面、勒脚、散水、台阶、坡道、油漆、涂料等处的材料和做法，可用文字说明或部分文字说明，部分直接在图上引注或加注索引号，其中应包括节能材料的说明。

2）室内装修部分除用文字说明以外亦可用表格形式表达（表4.3.3-1），在表上填写相应的做法或代号；较复杂或较高级的民用建筑应另行委托室内装修设计；凡属二次装修的部分，可不列装修做法表和进行室内施工图设计，但对原建筑设计、结构和设备设计有较大改动时，应征得原设计单位和设计人员的同意。

表4.3.3-1　　　　　　　　　　　　　　室内装修做法表

名称＼部位	楼、地面	踢脚板	墙裙	内墙面	顶棚	备注
门厅						
走廊						

注：表列项目可增减。

（5）对采用新技术、新材料的做法说明及对特殊建筑造型和必要的建筑构造的说明。

（6）门窗表（表4.3.3-2）及门窗性能（防火、隔声、防护、抗风压、保温、气密性、水密性等）、用料、颜色、玻璃、五金件等的设计要求。

表4.3.3-2　　　　　　　　　　　　　　门窗表

类别	设计编号	洞口尺寸/m		樘数	采用标准图集及编号		备注
		宽	高		图集代号	编号	
门							
窗							

注：1. 采用非标准图集的门窗应绘制门窗立面图及开启方式。
　　2. 单独的门窗表应加注门窗的性能参数、型材类别、玻璃种类及热工性能。

（7）幕墙工程（玻璃、金属、石材等）及特殊屋面工程（金属、玻璃、膜结构等）的性能及制作要求（节能、防火、安全、隔声构造等）。

（8）电梯（自动扶梯）选择及性能说明（功能、载重量、速度、停站数、提升高度等）。

（9）建筑防火设计说明。

（10）无障碍设计说明。

（11）建筑节能设计说明。

1）设计依据。

2）项目所在地的气候分区及围护结构的热工性能限值。

3）建筑的节能设计概况、围护结构的屋面（包括天窗）、外墙（非透明幕墙）、外窗（透明幕墙）、架空或外挑楼板、分户墙和户间楼板（居住建筑）等构造组成和节能技术措施，明确外窗和透明幕墙的气密性等级。

4）建筑体形系数计算、窗墙面积比（包括天窗屋面比）计算和围护结构热工性能计算，确定设计值。

（12）根据工程需要采取的安全防范和防盗要求及具体措施，隔声减振减噪、防污染、防射线等的要求和措施。

（13）需要专业公司进行深化设计的部分，对分包单位明确设计要求，确定技术接口的深度。

（14）其他需要说明的问题。

4.3.4 平面图

（1）承重墙、柱及其定位轴线和轴线编号，内外门窗位置、编号及定位尺寸，门的开启方向，注明房间名称或编号，库房（储藏）注明储存物品的火灾危险性类别。

（2）轴线总尺寸（或外包总尺寸）、轴线间尺寸（柱距、跨度）、门窗洞口尺寸、分段尺寸。

（3）墙身厚度（包括承重墙和非承重墙）、柱与壁柱截面尺寸（必要时）及其与轴线关系尺寸；当围护结构为幕墙时，标明幕墙与主体结构的定位关系；玻璃幕墙部分标注立面分格间距的中心尺寸。

（4）变形缝位置、尺寸及做法索引。

（5）主要建筑设备和固定家具的位置及相关做法索引，如卫生器具、雨水管、水池、台、橱、柜、隔断等。

（6）电梯、自动扶梯及步道（注明规格）、楼梯（爬梯）位置和楼梯上下方向示意和编号索引。

（7）主要结构和建筑构造部件的位置、尺寸和做法索引，如中庭、天窗、地沟、地坑、重要设备或设备机座的位置尺寸、各种平台、夹层、人孔、阳台、雨篷、台阶、坡道、散水、明沟等。

（8）楼地面预留孔洞和通气管道、管线竖井、烟囱、垃圾道等位置、尺寸和做法索引以及墙体（主要为填充墙、承重砌体墙）预留洞的位置、尺寸与标高或高度等。

（9）车库的停车位（无障碍车位）和通行路线。

（10）特殊工艺要求的土建配合尺寸及工业建筑中的地面荷载、起重设备的起重量、行车轨距和轨顶标高等。

（11）室外地面标高、底层地面标高、各楼层标高、地下室各层标高。

（12）底层平面标注剖切线位置、编号及指北针。

（13）有关平面节点详图或详图索引号。

（14）每层建筑平面中防火分区面积和防火分区分隔位置及安全出口位置示意（宜单独成图，如为一个防火分区，可不注防火分区面积），或以示意图（简图）形式在各层平面中表示。

（15）住宅平面图中标注各房间使用面积、阳台面积。

（16）屋面平面应有女儿墙、檐口、天沟、坡度、坡向、雨水口、屋脊（分水线）、变形缝、楼梯间、水箱间、电梯机房、天窗及挡风板、屋面上人孔、检修梯、室外消防楼梯及其他构筑物，必要的详图索引号、标高等；表述内容单一的屋面可缩小比例绘制。

（17）根据工程性质及复杂程度，必要时可选择绘制局部放大平面图。

（18）建筑平面较长较大时，可分区绘制，但须在各分区平面图适当位置上绘出分区组合示意图，并明显表示本分区部位编号。

（19）图纸名称、比例。

（20）图纸的省略：如系对称平面，对称部分的内部尺寸可省略，对称轴部位用对称符号表示，但轴线号不得省略；楼层平面除轴线间等主要尺寸及轴线编号外，与底层相同的尺寸可省略；楼层标准层可共用同一平面，但需注明层次范围及各层的标高。

4.3.5 立面图

（1）两端轴线编号，立面转折较复杂时可用展开立面表示，但应准确注明转角处的轴线编号。

（2）立面外轮廓及主要结构和建筑构造部件的位置，如女儿墙顶、檐口、柱、变形缝、室外楼梯和垂直爬梯、室外空调机搁板、外遮阳构件、阳台、栏杆、台阶、坡道、花台、雨篷、烟囱、勒脚、门窗、幕墙、洞口、门头、雨水管以及其他装饰构件、线脚和粉刷分格线等。

（3）建筑的总高度、楼层位置辅助线、楼层数和标高以及关键控制标高的标注，如女儿墙或檐口标高等；外墙的留洞应标注尺寸与标高或高度尺寸（宽×高×深及定位关系尺寸）。

（4）平、剖面图未能表示出来的屋顶、檐口、女儿墙、窗台以及其他装饰构件、线脚等的标高或尺寸。

（5）在平面图上表达不清的窗编号。

（6）各部分装饰用料名称或代号，剖面图上无法表达的构造节点详图索引。

（7）图纸名称、比例。

（8）各个方向的立面应绘齐全，但差异小、左右对称的立面或部分不难推定的立面可简略；内部院落或看不到的局部立面，可在相关剖面图上表示，若剖面图未能表示完全时，则需单独绘出。

4.3.6 剖面图

（1）剖视位置应选在层高不同、层数不同、内外部空间比较复杂、具有代表性的部位；建筑空间局部不同处以及平面、立面均表达不清的部位，可绘制局部剖面。

（2）墙、柱、轴线和轴线编号。

（3）剖切到或可见的主要结构和建筑构造部件，如室外地面、底层地（楼）面、地坑、地沟、各层楼板、夹层、平台、吊顶、屋架、屋顶、出屋顶烟囱、天窗、挡风板、檐口、女儿墙、爬梯、门、窗、外遮阳构件、楼梯、台阶、坡道、散水、平台、阳台、雨篷、洞口及其他装修等可见的内容。

（4）高度尺寸。

外部尺寸：门、窗、洞口高度、层间高度、室内外高差、女儿墙高度、阳台栏杆高度、总高度。

内部尺寸：地坑（沟）深度、隔断、内窗、洞口、平台、吊顶等。

（5）标高。主要结构和建筑构造部件的标高，如室内地面、楼面（含地下室）、平台、雨篷、吊顶、屋面板、屋面檐口、女儿墙顶、高出屋面的建筑物、构筑物及其他屋面特殊构件等的标高，室外地面标高。

（6）节点构造详图索引号。

（7）图纸名称、比例。

4.3.7 详图

（1）内外墙、屋面等节点，绘出不同构造层次，表达节能设计内容，标注各材料名称及具体技术要求，注明细部和厚度尺寸等。

（2）楼梯、电梯、厨房、卫生间等局部平面放大和构造详图，注明相关的轴线和轴线编号以及细部尺寸、设施的布置和定位、相互的构造关系及具体技术要求等。

（3）室内外装饰方面的构造、线脚、图案等；标注材料及细部尺寸、与主体结构的连接构造等。

（4）门、窗、幕墙绘制立面图，对开启面积大小和开户方式，与主体结构的连接方式、用料材质、颜色等作出规定。

（5）对另行委托的幕墙、特殊门窗，应提出相应的技术要求。

（6）其他凡在平、立、剖面图或文字说明中无法交代或交代不清的建筑构配件和建筑构造。

4.3.8 对贴邻的原有建筑，应绘出其局部的平、立、剖面图，并索引新建筑与原有建筑结合处的详图号

4.3.9 平面图、立面图、剖面图和详图有关节能构造及措施的表达应一致

4.3.10 计算书

（1）建筑节能计算书。

1）严寒地区A区、严寒地区B区及寒冷地区需计算体形系数，夏热冬冷地区与夏热冬暖地区公共建筑不需计算体型系数。

2）各单一朝向窗墙面积比计算（包括天窗屋面比），设计外窗包括玻璃幕墙的可视部分的热工性能满足规范的限制要求。

3）设计外墙（包括玻璃幕墙的非可视部分）、屋面、与室外接触的架空楼板（或外挑楼板）、地面、地下室外墙、外门、采暖与非采暖房间的隔墙和楼板、分户墙等的热工性能计算。

4）当规范允许的个别限值超过要求，通过围护结构热工性能的权衡判断，使围护结构总体热工性能满足节能要求。

（2）根据工程性质特点进行视线、声学、防护、防火、安全疏散等方面的计算。

词语说明：

1. 容积率

一定地块内总建筑面积与建筑用地面积的比值。计算建筑物的总建筑面积时，通常不包括±0.00以下的地下建筑面积。

2. 建筑密度

一定地块内所有建筑物的基底总面积占总用地面积的比例（％）。

3. 公共绿地

向公众开放，有一定游憩设施的绿化用地，包括其范围内的水域。

4. 绿地总面积

一定地块内各类绿地面积的总和，包括公共绿地、建筑物所属绿地、道路绿地、水域等，不包括屋顶、晒台、墙面及室内的绿化。

5. 绿地率

一定地块内绿地总面积占总用地面积的比例（％）。

6. 道路广场总面积

设计范围内道路、公共广场、停车场用地面积的总和。

7. 建筑红线

城市道路两侧控制沿街建筑物或构筑物（如外墙、台阶等）靠临街面的界线，用建筑物后退道路红线的距离标注，也称建筑控制线。

8. 建筑坐标

原称施工坐标。

参考文献

［1］《建筑创作》杂志社. 北京市建筑设计研究院作品集1949-2009[M]. 天津：天津大学出版社，2009.

［2］《建筑创作》杂志社.《建筑创作》杂志精品集·作品卷 2003-2009[M]. 天津：天津大学出版社，2010.

［3］北京市建筑设计研究院. 建筑专业技术措施[M]. 北京：中国建筑工业出版社，2007.

［4］北京市建筑设计研究院. BIAD设计文件编制深度规定[M]. 北京：中国建筑工业出版社，2010.

［5］徐洁，支文军. 建筑中国：当代中国建筑师事务所40强（2000-2005）[M]. 沈阳：辽宁科学技术出版社，2006.

［6］徐洁，支文军. 建筑中国：当代中国建筑设计机构48强及其作品（2006-2008）[M]. 沈阳：辽宁科学技术出版社，2009.

［7］徐洁. 建筑中国3：当代中国建筑设计机构及作品（2009-2011）[M]. 上海：同济大学出版社，2012.

［8］中国建筑西北设计研究院等. 建筑施工图表达[M]. 北京：中国建筑工业出版社，2008.

［9］《建筑技艺》2010年9-10期[J]. 北京：《建筑技艺》杂志社，2010.